図解入門
よくわかる
顔料分散

中道敏彦 [著]

日刊工業新聞社

はじめに

　顔料というと何を思いつくでしょうか。

　まず身近なものでは絵具かも知れません。油絵具は有機顔料や無機顔料をアマニ油などに分散したものです。また、水性絵具は顔料をアラビアゴムなどに分散したものです。塗料、インキ、化粧品、絵具、トナーなどの色に密接に関わる色材分野の製品では、顔料はなくてはならない原材料です。顔料はまた、プラスチックやゴムの着色、充填剤や強度改良のために用いられます。さらに顔料は導電性、磁性、潤滑性、光触媒などのさまざまな機能性を発揮する分野で重要な役割を担っています。

　こうした顔料を用いる分野で顔料分散は大変重要な技術です。

　顔料分散はバインダー樹脂に顔料を微細、均一に分散し、それを安定に保つ技術ですが、この技術なしに良い製品をつくることはできません。例えば、塗料やインキなどでは顔料分散が不十分だと光沢や着色力が不足し、美しく平滑な膜を得ることができません。また、プラスチックやゴムでは機械的強度が低下するなど十分な性能を発揮できません。

　顔料分散はぬれ、解砕、安定化の3つのステップによって達成されます。顔料表面をぬらし空気界面を液体界面に置き換えること、分散機を用いて粗粒子を一次粒子に解砕する際の分散機の選定やその操作条件、さらに分散体を安定に保つための考え方を理解することが必要です。また、酸／塩基の考え方を活用してバインダー樹脂を顔料表面に強固に吸着させること、顔料分散を目的として分子設計をした分散剤を用いること、あるいは顔料そのものを表面処理す

ることによって、よりいっそう顔料分散性を向上させることも重要です。

　顔料分散体の流動特性や硬化物の機械的性質は、顔料濃度や顔料の形状・表面積といった特性、さらに顔料分散の程度によって大きく変化します。特に顔料充填量や形状がこうした物性にどのような影響を与えるかを知っておくことが必要です。

　近年、多くのポリマー微粒子が開発され、例えばプラスチックピグメントとしても用いられています。こうしたポリマー微粒子分散体と顔料分散体の流動特性や機械的性質に及ぼす充填効果は共通性が多く、本書ではポリマー微粒子についても言及しました。

　顔料分散はさまざまな分野で技術的知見とノウハウの蓄積によって進歩してきましたが、基本的な考え方は同じです。本書ではそうした基本的な考え方とその応用について述べました。本書が顔料分散の理解の一助になれば幸いです。

2009年3月

中道　敏彦

CONTENTS

はじめに ……………………………………………………………… i

chapter 1 ▶ いろいろな顔料と用途

1-1 顔料の種類とその活用

1.1.1 顔料分散技術は縁の下の力持ち …………………………… 2
1.1.2 顔料を分類しよう ……………………………………………… 4
1.1.3 顔料の形状と表面積は ………………………………………… 5
1.1.4 バラエティ豊かな有機顔料 …………………………………… 9
1.1.5 プラスチック用フィラーと機能性顔料 ……………………… 12

chapter 2 ▶ 顔料分散の3つのステップ

2-1 ぬれ、解砕、安定化とは

2.1.1 各成分の相互作用を考えよう ………………………………… 18
2.1.2 顔料分散のステップとは ……………………………………… 20
2.1.3 表面張力がぬれを決める ……………………………………… 21
2.1.4 粉体顔料の表面張力を測る …………………………………… 23
2.1.5 溶解性パラメーターと分散安定性 …………………………… 26
2.1.6 凝集した顔料を解砕する ……………………………………… 29
2.1.7 安定な分散体を得るために …………………………………… 31
2.1.8 水性分散体の特徴とポイント ………………………………… 34

chapter 3 ▶ 分散機の使い方と分散度の評価

3-1 顔料充填量とミルベース配合

3.1.1 理論的最大充填量、最密充填とは …………………………… 42
3.1.2 CPVCの目安になる吸油量 …………………………………… 44

3.1.3　フローポイントでミルベース配合が決まる …………………46
3.1.4　レットダウンでトラブルを起こさないために …………………48

3-2　分散機の特徴と使い方
3.2.1　ミルベースの粘度で分散機を選ぶ …………………………51
3.2.2　ボールミルとアトライターの操作条件 …………………………53
3.2.3　最初の連続式生産機、サンドグラインダー …………………56
3.2.4　新しい改良型ビーズミルを使う …………………………………59
3.2.5　3本ロールミルで強力分散する …………………………………63
3.2.6　予備混合に用いるディゾルバー ………………………………66
3.2.7　超高粘度品の分散に使うニーダー ……………………………67

3-3　分散度を評価する
3.3.1　分散速度と分散度 …………………………………………………70
3.3.2　粒度分布を測る ……………………………………………………70
3.3.3　着色力を測る ………………………………………………………74
3.3.4　分散で変化する性質を測る ………………………………………76
3.3.5　分散安定性を評価する ……………………………………………78

chapter 4 ▶ さらなる顔料分散性の向上

4-1　顔料分散剤で吸着・安定性を高める
4.1.1　いろいろな分散性向上の手法 ……………………………………84
4.1.2　顔料を直接相転換するフラッシング ……………………………85
4.1.3　低分子分散剤を使う ………………………………………………87
4.1.4　顔料をロジン処理する ……………………………………………90
4.1.5　樹脂吸着に有効な酸／塩基を活用する ………………………91
4.1.6　高分子分散剤の分子構造を設計する …………………………94
4.1.7　顔料誘導体で難分散顔料を分散する …………………………97

4-2　カップリング剤で接着力を高める
4.2.1　シランカップリング剤を使う …………………………100
4.2.2　チタネートカップリング剤を使う …………………102

4-3　顔料の表面改質でぬれ・吸着を高める
4.3.1　プラズマ処理で改質する …………………………………104
4.3.2　樹脂グラフト、カプセル化で改質する………………105

chapter 5 ▶ ポリマー微粒子について

5-1　ポリマー微粒子の製法と特徴
5.1.1　いろいろなポリマー微粒子分散体 ………………110
5.1.2　重合法で粒径、粒子特性をコントロールする …………112
5.1.3　最も代表的な乳化重合法 ……………………………115
5.1.4　機能性微粒子をつくる ………………………………118
5.1.5　強制乳化でポリマー微粒子をつくる ………………120

chapter 6 ▶ 微粒子分散体の流動性

6-1　粘度を測る
6.1.1　いろいろな液体の流動性 ……………………………128
6.1.2　回転粘度計と実用的粘度計 …………………………130
6.1.3　液体の流動パターンについて ………………………133

6-2　微粒子分散体の粘度の特徴
6.2.1　球形粒子の濃度と粘度の関係 ………………………137
6.2.2　棒状・板状粒子の濃度と粘度の関係 ………………139
6.2.3　粘度はずり速度で変化する …………………………141
6.2.4　降伏値を測る …………………………………………144
6.2.5　大／小粒子混合系は低粘度 …………………………147
6.2.6　ポリマーエマルションの流動性 ……………………148

chapter 7 ▶ 顔料充填ポリマーの物性

7-1 顔料充填ポリマーの力学的性質
- 7.1.1 ポリマーの力学的性質とは ……………………………154
- 7.1.2 顔料充填ポリマーの弾性率 ……………………………159
- 7.1.3 顔料充填ポリマーの引張特性 …………………………165
- 7.1.4 顔料充填ポリマーの耐衝撃性 …………………………169
- 7.1.5 顔料充填ポリマーの耐摩耗性 …………………………171
- 7.1.6 顔料充填ポリマーの動的粘弾性 ………………………173

7-2 顔料充填で変わるその他の性質
- 7.2.1 臨界顔料体積濃度(CPVC)とは ……………………177
- 7.2.2 顔料充填ポリマーの接着性 ……………………………177
- 7.2.3 顔料充填ポリマーの内部応力 …………………………179
- 7.2.4 顔料濃度と吸水性、透水性 ……………………………180

chapter 8 ▶ 活躍する顔料分散技術

8-1 色材分野における顔料分散
- 8.1.1 塗料に欠かせない要素技術 ……………………………186
- 8.1.2 リキッドインキ、ペーストインキと顔料分散 …………192
- 8.1.3 粉砕トナー、重合トナーと顔料分散 …………………196
- 8.1.4 インクジェット用インクと顔料分散 …………………199
- 8.1.5 絵具、文具と顔料分散 …………………………………201
- 8.1.6 メイクアップ化粧品と顔料分散 ………………………204
- 8.1.7 プラスチックの着色と顔料分散 ………………………208

8-2 性能・機能性と顔料分散
- 8.2.1 カーボンブラックでゴムを補強 ………………………214
- 8.2.2 印刷性を向上する紙用塗工剤 …………………………215

8.2.3	フィラーを使った導電性材料	217
8.2.4	磁気記録用コーティング剤	219
8.2.5	温度で色が変化する示温材料	220
8.2.6	暗い中で発光する蓄光材料	220
8.2.7	有機物を分解する光触媒	221
8.2.8	摺動部に使う固体潤滑剤	222
8.2.9	有機・無機ハイブリッド材料	223

参考文献 ……………………………………………………………… 227
索引 ………………………………………………………………… 232

いろいろな顔料と用途

1-1 ▶▶▶ 顔料の種類とその活用

1.1.1 顔料分散技術は縁の下の力持ち

　顔料分散について述べる前に、まず顔料についてその概要を述べたいと思います。顔料は水や溶剤に溶解しない着色用微粒子、あるいは充填剤として用いられる粒子で、媒体に溶解する染料とは異なります。顔料分散は粒子状の顔料を均一に系中に分散させ、安定化させる技術を言います。

　人類は古くから顔料を用いて絵を描き、室内や生活用具を装飾し、生活を豊かにしてきました。それは表現したい、美しく飾りたい、記録したいという欲求に根差した行為だと思われます。紀元前1万5000年のフランスのラスコーの壁画は赤鉄鉱、黄土、マンガン鉱、白亜土、骨を焼いた黒顔料に獣脂や血液を混ぜて描かれています。日本では北海道南茅部町の垣の島B遺跡から紀元前約7000年の朱塗りの漆の埋葬品が出土しています。エジプトではカーボン、赤土、黄土、石膏、ラピスラズリなどを使った紀元前4000～3000年の墳墓内の壁画が多数見られます。このように人類は古くから顔料を利用してきました。

　現在、顔料は無機顔料、有機顔料ともに多くの種類が目的に応じて用いられ、美しく彩るための着色のほか、ゴムやプラスチックの強度改良、導電性、潤滑性、光触媒などの機能性付与といった目的のために活用されています。2002年度の世界の着色顔料使用量は約600万トンと推定され、白顔料である酸化チタンが圧倒的に多く65%、弁柄が15%、カーボンブラックが10%、有彩顔料が10%にな

っています。有彩顔料の内訳は無機顔料が6％、有機顔料が4％と推定されています[1]。また、カーボンブラックの着色顔料としての使用量は60万トンですが、タイヤ用充填剤としては圧倒的に多い600万トン以上が用いられています。有機顔料の使用量は印刷インキ・捺染用途が大半を占め60％、次いで塗料が19％、プラスチックが12％、文具・トナー・インクジェット用インクなどの非衝撃印刷分野が9％という順になっています[1]。

　このような微粒子粉体である顔料を用いる工業製品では顔料分散の技術が大変重要です。顔料分散は文字通り顔料を媒体中に粒や塊りのないように均一に分散し、それを安定的に保持する技術ですが、この技術がないと顔料を用いる分野では良い製品を得ることができない重要な技術です。顔料分散技術が求められる分野を図1.1に示します。

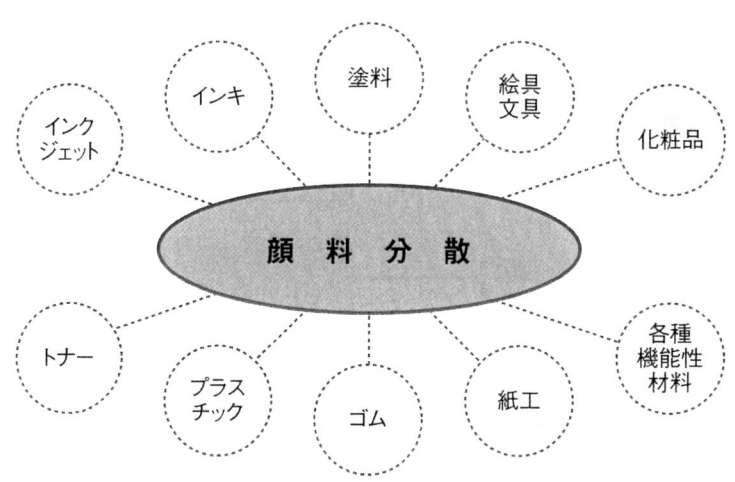

図1.1　顔料分散が支える商品群

1.1.2　顔料を分類しよう

　顔料の分類と代表例を図1.2に示します。顔料には着色顔料、体質顔料および機能性顔料があります。

①着色顔料

　酸化チタン、カーボンブラック、アゾ顔料、フタロシアニン顔料等に代表される色を着けるための顔料です。白、黄、橙、赤、紫、青、緑、黒などに対応した各種の無機、有機顔料が用いられています。一般に無機顔料は顔料分散しやすく、堅牢で隠ぺい力（下地を

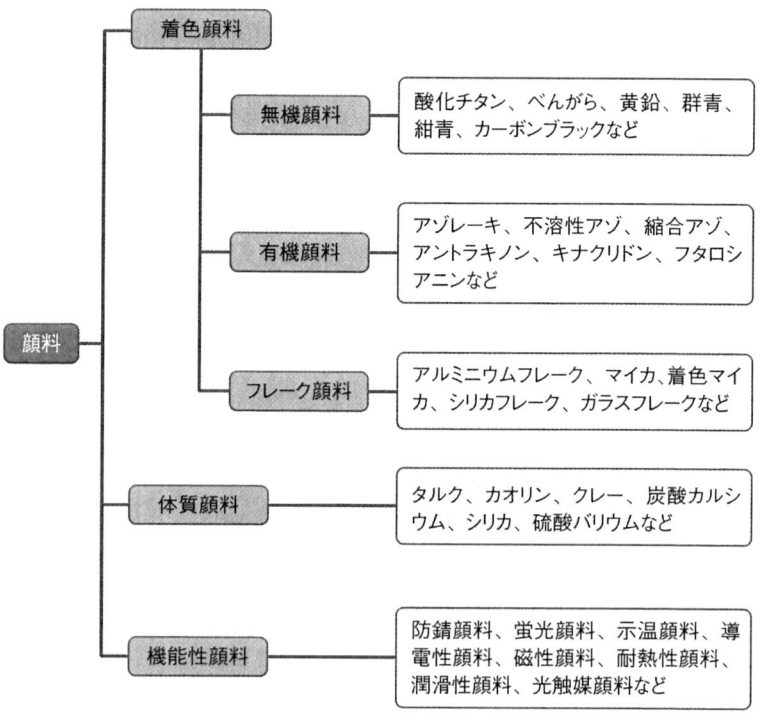

図1.2　顔料の分類

隠す力）が大きいのに比べ、有機顔料は着色力が大きく鮮やかですが、隠ぺい力に劣り、顔料分散が困難なものもあります。また、黄、赤系の無機顔料には黄鉛、クロムバーミリオン（モリブデンレッド）のように重金属を含んでいるものが多く、使用されなくなっています。

このほかにアルミニウムフレーク、マイカ、シリカフレーク、ガラスフレークなどの鱗片（フレーク）状顔料があります。フレーク顔料表面に酸化チタン、酸化鉄などの薄膜コーティングをすることでさまざまな新しい色彩、意匠性を発現でき、自動車塗料、化粧品などの分野で多く使用されています。

②体質顔料

タルク、クレー、シリカなど樹脂成分と屈折率に大差がなく、樹脂中に混合するとほぼ透明で、増量剤、あるいは樹脂の弾性率や摩耗性の改良などの目的で使用される顔料です。プラスチック用フィラー（充填剤）も体質顔料がほとんどです。

③機能性顔料

樹脂に混合して防錆、導電性、遮熱性、潤滑性、光触媒などのさまざまな機能を発揮する顔料です。

顔料分散ではこれら多種多様な顔料が対象になるので、その特性を知ることが大切です。

1.1.3　顔料の形状と表面積は

顔料はその種類によって粒子径、形状、表面積もさまざまです。

表1.1　顔料とその性質

分類	顔料名	組成、結晶形など	色	比重 (g/cm³)	比表面積 (m²/g)	粒径 (μm)	吸油量 (mℓ/100g)
体質	沈降性炭酸カルシウム	$CaCO_3$ 六方晶（カルサイト）		2.5〜2.6	5〜30	0.04〜1.5	35〜45
	沈降性硫酸バリウム	$BaSO_4$ 斜方晶（重晶石）		4.3〜4.5	1.5〜4.5	0.1〜1.0	14〜18
	ホワイトカーボン（シリカ）	SiO_2又は$SiO_2 nH_2O$ 非晶質		1.9〜2.2	50〜380	0.002〜0.11	50〜300
	焼成クレー	$Al_2O_3 \cdot 2SiO_2$		2.0〜2.65		2	50〜57
	カオリンクレー	$Al_2O_3 \cdot 2SiO_2 \cdot 2H_2O$ 単斜晶		2.58	15〜30	0.2〜3.5	32〜45
	タルク	$3MgO \cdot 4SiO_2 \cdot H_2O$ 単斜晶		2.7〜2.8	3〜15	0.25〜5	23〜40
金属酸化物	チタニア（チタン白、酸化チタン）	TiO_2、正方晶（アナタース）	白	3.8〜4.1	10〜25	0.15〜0.25	17〜25
		TiO_2、正方晶（ルチル）	白	3.9〜4.2	8〜20	0.15〜0.4	17〜33
	亜鉛華（酸化亜鉛、亜鉛白）	ZnO、六方晶（ウルツ鉱）	白	5.4〜5.8	4.5〜45	0.01〜1.0	10〜86
	黄色酸化鉄	$\alpha\text{-}FeOOH$斜方晶（ゲータイト）	黄	3.4〜4.2	10〜20	0.1〜1.0	20〜40
	べんがら（赤色酸化鉄）	$\alpha\text{-}Fe_2O_3$、等軸晶（ヘマタイト）	赤茶紫	4.9〜5.2	1〜20	0.1〜2.0	10〜30
	鉄黒（黒色酸化鉄）	$FeO \cdot Fe_2O_3$、立方晶、逆スピネル（マグネタイト）	黒	4.3〜5.2	2〜30	0.1〜2.0	20〜60
	酸化クロム(III)	Cr_2O_3、六方晶	緑	5.1〜5.2		0.5〜5.0	16〜30
クロム酸塩	黄鉛（クロムイエロー） 5G	$2PbCrO_4 \cdot PbSO_4$ 単斜晶	黄〜橙	4.0〜7.0	0.5〜9.0	0.1〜1.0	15〜30
	G	$PbCrO_4$ 単斜晶					
	R	$PbO \cdot PbCrO_4$ 正方晶					
	クロムバーミリオン（モリブデンレッド、モリブデートオレンジ）	$PbCrO_4 \cdot mPbMoO_4 nPbSO_4$ 正方晶	橙〜赤	5.4〜6.3		0.1〜0.5	12〜20
硫化物	リトポン	$ZnS \cdot BaSO_4$	白	4.1〜4.3	4〜5	0.5〜3.0	12〜16
	カドミウムイエロー	CdS、$CdS \cdot xZnS$ 六方晶（ウルツ鉱）	黄	4.5〜5.2	5〜10	0.2	30
	カドミウムレッド	$CdS \cdot xCdSe$ 六方晶（ウルツ鉱）	赤	4.8〜5.2	5〜10	0.2〜0.4	20〜28

表1.1　つづき

分類	顔料名	組成、結晶形など	色	比重 (g/cm³)	比表面積 (m²/g)	粒径 (μm)	吸油量 (mℓ/100g)
金属錯体	紺青（プルシアンブルー、ベルリンブルー、ミロリブルー）	MFe^{III}[Fe^{II}(CN)$_6$] (M＝K, Na, NH$_4$) 正方晶	青	1.7〜1.9	30〜60	0.05〜0.2	35〜55
金属錯体	群青（ウルトラマリンブルー）	Na$_{6-x}$Al$_{6-x}$Si$_{6+x}$O$_{24}$ Na$_y$S$_2$（ゼオライトグループ）	青	2.2〜2.7	6.9	0.1〜5.0	28〜31
炭素	カーボンブラック（サーマル、アセチレン、ファーネス、チャンネルなど）	C	黒	1.74〜2.0	8〜1000	0.009〜0.5	30〜400
有機顔料	ファーストイエローG C.I.Pig. Yellow1	不溶性アゾ系	黄	1.27〜1.6	15	0.5〜1.0	30
有機顔料	イソインドリノンイエローR C.I.Pig. Yellow110	縮合多環系	黄	1.82〜1.9	25	0.3〜0.5	30
有機顔料	ピラゾロンオレンジ C.I.Pig. Orange13	不溶性アゾ系	橙	1.31〜1.60	42		65〜80
有機顔料	ナフトールカーミンFB C.I.Pig. Red5	不溶性アゾ系	赤	1.40〜2.0	10〜30		20〜50
有機顔料	キナクリドンマゼンタ C.I.Pig. Red122	縮合多環系	赤	1.20〜1.50	50〜60		45
有機顔料	キナクリドンレッド C.I.Pig. Violet19	縮合多環系	赤〜紫	1.50〜1.80	25〜55		40〜55
有機顔料	ジオキサジンバイオレット C.I.Pig. Violet23	縮合多環系	紫	1.40〜1.60	70〜90	0.01〜0.03	35〜55
有機顔料	フタロシアニンブルーR C.I.Pig. Blue15	フタロシアニン系	青	1.50〜1.79	40〜60	0.01〜0.05	35〜45
有機顔料	フタロシアニングリーン C.I.Pig. Green7	フタロシアニン系（塩素化）	緑	1.80〜2.47	55〜80	0.01〜0.02	35〜55
有機顔料	インダンスロンブルー C.I.Pig. Blue60	縮合多環系	青	1.45〜1.6	40		35

出典：伊藤征四郎・顔料の辞典、p157（2000）朝倉書店

　顔料の粒度分布は光学顕微鏡、電子顕微鏡や光透過法、コールターカウンター法などの方法で測定することができます（3.3.2節を参照）。**表1.1**[2] に代表的な顔料の比重、粒径、比表面積を示します。凝集していない状態の通常の無機着色顔料の一次粒子径は0.1〜2μm（マイクロメートル）程度、有機着色顔料は0.01〜1μm程度、

chapter 1　いろいろな顔料と用途　［7］

カーボンブラックは0.01〜0.5μm程度、体質顔料であるカオリンクレーやタルクは0.2〜数μm程度です。

　顔料の比表面積は単位重量当たりの表面積（m²/g）で示されます。顔料には空孔や亀裂を持つものもあり、粒子径の分布から計算した表面積と大きく異なる場合があります。表面積の測定は1分子当たりの占有面積がわかっている気体を顔料に吸着させ、その占有面積と吸着分子数の積から求めることができます。BET吸着法と呼ばれる比表面積や細孔分布の測定機が用いられています。表面積は顔料表面へのぬれや吸着量に大きな影響を与えます。例えば、酸化チタンは約10m²/g、フタロシアニンブルーは40〜60m²/g、カーボンブラックは数100m²/g程度の比表面積を持っています。顔料分散

球状 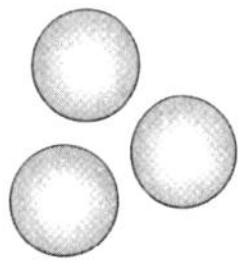	不定形 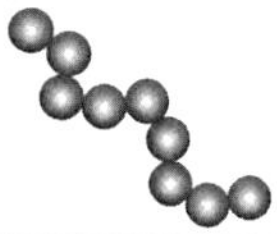	立方状 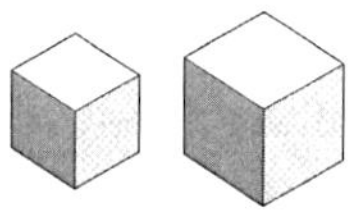
酸化チタン、亜鉛華、酸化クロム、群青、紺青、シリカ、硫酸バリウム	カーボンブラック	黒色酸化鉄
針状・棒状 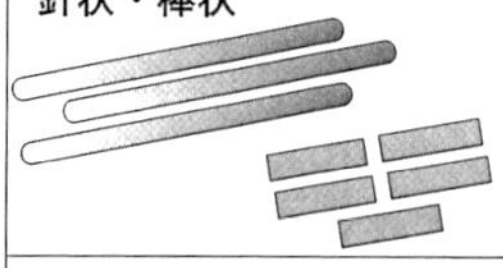	紡錘状 	フレーク状 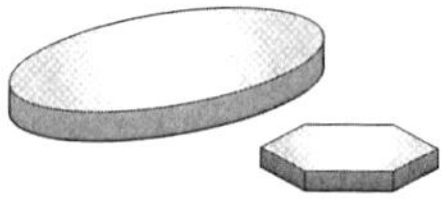
黄色酸化鉄 フタロシアニンブルー ジスアゾエロー 珪酸カルシウム	軽質炭酸カルシウム	カオリン、クレー、マイカ、アルミニウムフレーク、マイカ状酸化鉄（MIO）、アルミナ

図1.3　顔料の形状と代表例

では樹脂溶液が顔料表面をぬらし、樹脂が顔料に吸着する必要があり、顔料の表面積は分散に影響する大きな要因になります。

粒子の形状も**図1.3**に示すようにさまざまなものがあります。酸化チタンのように比較的球形に近いものから、黄色酸化鉄のように棒状、あるいは針状と呼ばれるもの、軽質炭酸カルシウムのように紡錘状のものがあります。また、マイカやアルミニウム顔料などはフレーク状（鱗片状、薄片状）です。棒状、フレーク状粒子ではアスペクト比と呼ばれる長径（L）/短径（D）比が粒子形の尺度になります。粒子の形状は分散体の粘度に大きな影響を及ぼします。また、プラスチック、塗料などに充填した場合の補強効果にも大きな影響を及ぼします。

1.1.4　バラエティ豊かな有機顔料

無機顔料は酸化チタン、黄色酸化鉄、カーボンブラック、クレー、硫酸バリウムのようにその化学組成が比較的単純ですが、有機顔料は化学構造が複雑で、種類も多く、分類さえよくわからないといったことがありえます。ここでは有機顔料の分類とその色領域について**図1.4**[3]に示します。

図に示すように、有機顔料はアゾ顔料と多環顔料に大別されます。アゾ顔料は黄、赤系統が多い顔料で、分子構造中に発色団としてアゾ基（$-N=N-$）を含む顔料です。モノアゾ顔料はこのアゾ基を1分子中に1個含むもの、ジスアゾ顔料はアゾ基を1分子中に2個含むものです。不溶性アゾ顔料は分子中にスルホン酸基（$-SO_3H$）やカルボン酸基（$-COOH$）を持たず、水などに溶解しない顔料で

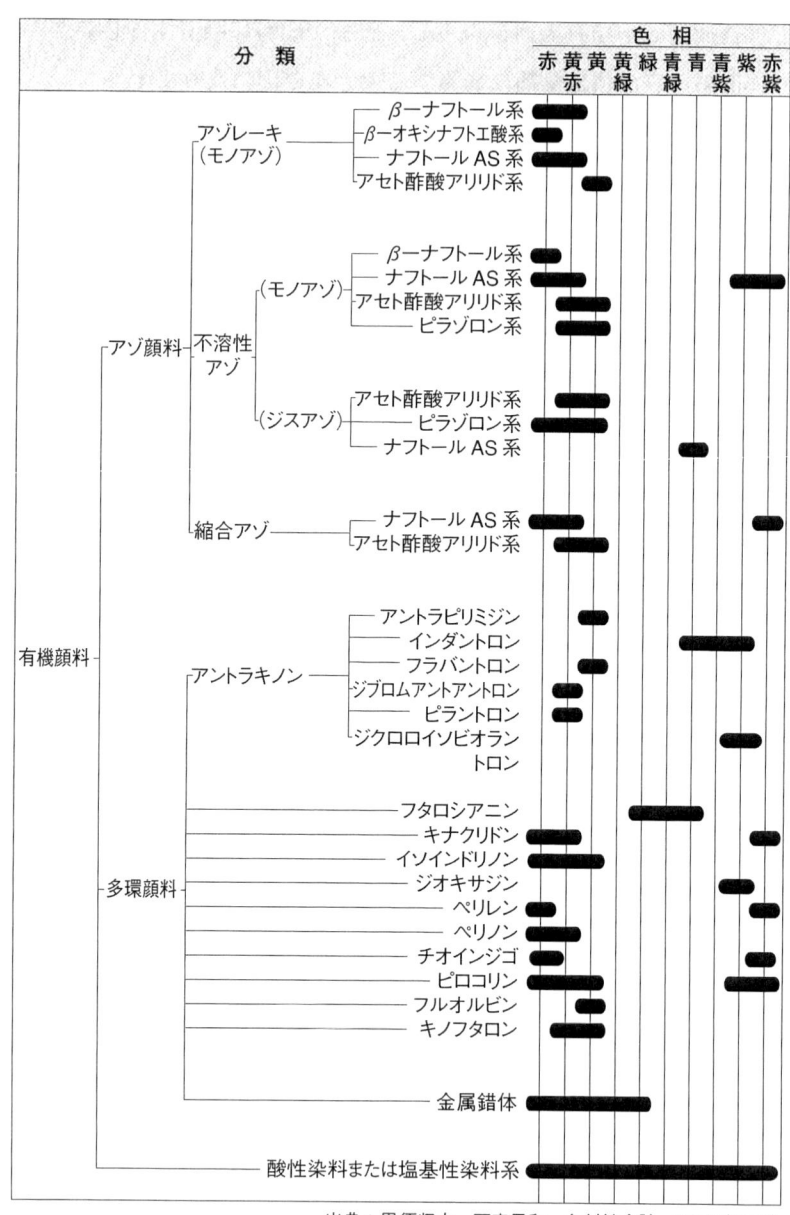

図1.4 有機顔料の分類と色相

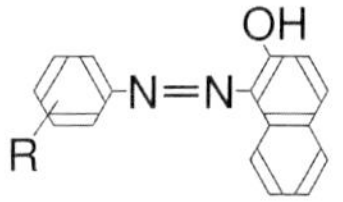

図1.5　いくつかの有機顔料の化学構造式

- β-ナフトール系モノアゾ
- アセト酢酸アリリド系ジスアゾ 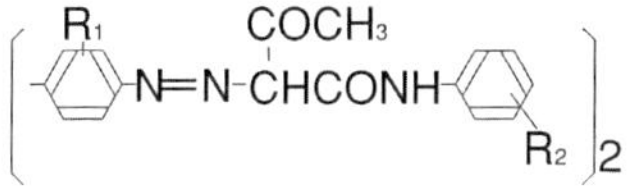
- ナフトールAS系縮合アゾ 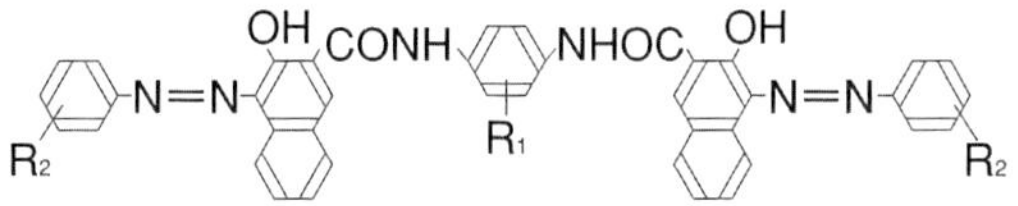
- ペリレン 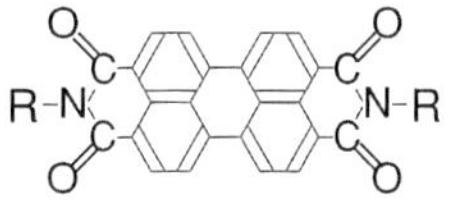
- キナクリドン 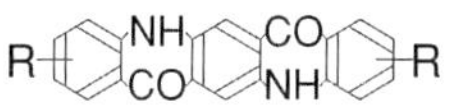
- ジオキサジン 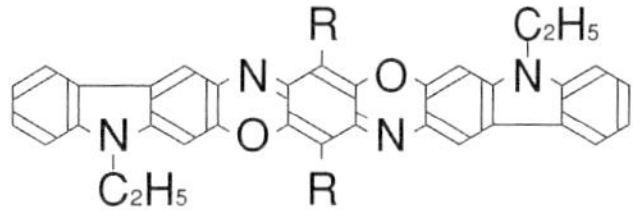
- イソインドリノン 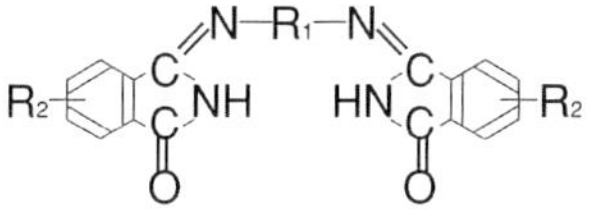
- チオインジゴ 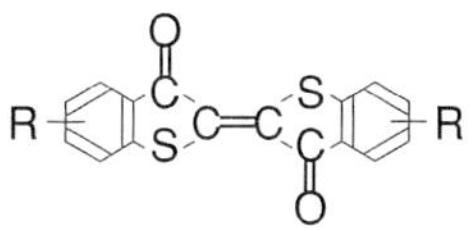
- フタロシアニン

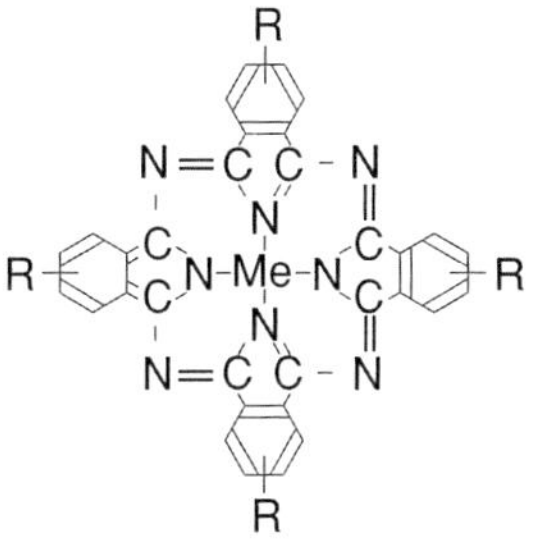

す。また、こうした親水性基を持つものをCa、Ba、Mn、Srなどの金属と反応させて不溶化したものをアゾレーキ顔料といいます。縮合アゾはジスアゾ顔料にさらに大きな置換基をつけて、耐熱性や耐溶剤性を向上させたものです。

多環顔料はベンゼン環を連結したり、特定の化学構造でベンゼン環をつなぎ合わせて得られる複雑な構造の顔料です。キナクリドン、イソインドリノン、ペリレンなどの赤から紫色系統の顔料、キノフタロンなどの黄色系の顔料、またフタロシアニンの青、緑系の顔料などがあります。**図1.5**にいくつかの有機顔料の化学構造式を示します。

一般に有機顔料は無機顔料に比べて着色力に優れ、隠ぺい力に劣ります。またこれらの顔料はそれぞれ耐溶剤性、耐熱性、耐酸性、耐アルカリ性、耐候性などの特性が異なり、顔料分散性も異なるので用途に応じた適切な選択が必要です。

1.1.5 プラスチック用フィラーと機能性顔料

プラスチック分野では汎用プラスチック、エンジニアリングプラスチックを問わず、さまざまなフィラーが用いられます。**表1.2**に示すようにカオリン、クレー、タルク、珪酸カルシウム、マイカなどの天然鉱物から得られるもの、およびさまざまな合成フィラーが利用されており、そのほとんどは体質顔料です。

フィラーを用いる目的には次のような事項が挙げられます。
①コスト低減：増量剤としての用途
②成型加工性改善：変形、収縮改善や成型時のレオロジー調整

表1.2 各種プラスチック用フィラーと用途

名称	化学式	比重 (g/cm³)	屈折率	形状	用途
タルク	$3MgO \cdot 4SiO_2 \cdot H_2O$	2.82	1.56	板状	汎用プラスチック、塗料
重質炭酸カルシウム	$CaCO_3$	2.72	1.65	無定形	汎用プラスチック、ゴム、塗料
硫酸バリウム	$BaSO_4$	4.50	1.64	無定形	汎用プラスチック
アルミナ	$\alpha\text{-}Al_2O_3$	3.98	1.76	無定形	熱伝導、耐摩耗
カオリン	$Al_2O_3 \cdot SiO_2 \cdot 2H_2O$	2.5〜2.6	1.58	板状	塗料、インキ、化粧品
クレー	$Al_2O_3 \cdot 2SiO_2 \cdot H_2O$	2.5〜2.6	1.58	板状	塗料、インキ、化粧品
珪酸カルシウム	$CaO \cdot SiO_2$	2.9	1.63	針状	ゴム、プラスチック
シリカ	SiO_2	2.2〜2.6	1.55	無定形	ゴム、塗料、シーラント、プラスチック
酸化亜鉛	ZnO	5.7	2.01	無定形・針状	UVカット
酸化チタン	TiO_2	3.9〜4.2	2.5〜2.7	無定形	白色顔料、UVカット、光触媒
水酸化アルミニウム	$Al(OH)_3$	2.42	1.57	無定形	人工大理石
チタン酸カリウム	$K_2O \cdot 6TiO_2$	3.2		針状	エンジニアリングプラスチック補強
硫酸マグネシウム	$MgSO_4 \cdot 5Mg(OH)_2 \cdot 3H_2O$	2.3	1.53	針状	プラスチック補強
マイカ	$K_2O \cdot 3Al_2O_3 \cdot 6SiO_2 \cdot 2H_2O$	2.8		板状	塗料、インキ、化粧品
カーボンブラック（アセチレン）	C	1.95		無定形	ゴム、導電、着色
酸化鉄	Fe_2O_3	5.1		針状	制振、磁性
ガラスビーズ（Aガラス）		2.5	1.52	球形	ゴム、プラスチック
ガラス繊維		2.5		繊維	SMC、FRP

③機械強度の向上：弾性率、引張強度、耐衝撃性等の向上

④特定の機能の発現

　顔料は機能性の発現に大きな寄与を果たしています。表1.3に示すように耐熱性、難燃性、導電性、磁性、紫外線吸収、赤外線反射、光触媒、防音、制振、抗菌、ガスバリアなどのさまざまな機能は顔料の働きなくして発現することが難しいと言えます。

　例えばプラスチックへの導電性の付与では導電性カーボンブラックが、磁性コーティングには針状酸化鉄やバリウムフェライトが、潤滑性付与には二硫化モリブデンやグラファイトが用いられます。

表1.3 機能性顔料

分類	代表例
防錆顔料	亜鉛末(Zn)、ジンククロメート($K_2CrO_4 \cdot 3ZnCrO_4 \cdot ZnO \cdot 3H_2O$)シアナミド鉛($PbCN_2$)など
蛍(蓄)光顔料	リン酸塩系($Sr_xMg_yP_2O_7$:Euなど)、ケイ酸塩系、アルミン酸塩系($SrAl_2O_4$:Eu、Dyなど)、タングステン酸塩系
導電性顔料	カーボンブラック、Sb/Snコートマイカ・チタン酸ウィスカー、Alコートガラスビーズ、Au、Ag、Cu導電ペーストなど
電磁シールド用顔料	$MeFe_2O_3$(Me:Mn、Co、Ni、Cu、Zn)など
磁性顔料	γ-Fe_2O_3、Co-γ-Fe_2O_3、$BaO \cdot 6Fe_2O_3$など
示温顔料	$Co(CNS)_2 \cdot (Py)_2 \cdot 10H_2O$、$Co(HCOO)_2$、$CoKPO_4 \cdot H_2O$など
光触媒顔料	TiO_2(アナターゼ)
潤滑性顔料	グラファイト、二硫化モリブデン、PTFE粒子、ポリイミド粒子など

塗料分野では防錆顔料は重要で、金属表面に塗る塗料に混合して錆の発生を抑える顔料です。亜鉛末のように電気化学的に防食するもの、ジンククロメートのようにクロムイオンを供給するもの、シアナミド鉛のように表面をアルカリ性にするものなどがありますが、重金属を含む顔料は使用が制限されています。

ちょっと一息(1)　人類は色を求めてきた

　顔料の歴史を述べている鶴田栄一氏（色材協会誌、75, 189、2002）によると、旧石器時代のネアンデルタール人は身体彩画をし、埋葬に赭土（あかつち）を使っていたそうです。紀元前15万年から紀元前6万年にかけての時期です。

　人類は色を求め、色を使って表現しようとしてきました。現生人類による具象絵画のはっきりした最初の証拠は、アフリカのナミビアで発見されており、中期石器時代の背景から推定年代が4万〜6万年前のものとされています（S・オッペンハイマー『人類の足跡・10万年全史』2007、草思社）。ヨーロッパの古い壁画としては、1994年にフランス南東部のアルデシュ渓谷で発見されたショーベの壁画があります。この壁画は馬やサイを描いており、約3万年前のものとされています。また、フランスには有名なラスコーの壁画があり、約1万7000年前の壁画には動物たちが赤鉄鉱、黄土、マンガン鉱、ボーンブラック、白亜土などで描かれています。

　どのような顔料を人類が用いてきたかは、壁画や出土品を調べるしかありません。古代エジプトの壁画ではチョーク、石膏、カーボン、ボーンブラック、方鉛鉱、酸化鉄、赭土、エジプトブルー、群青（ラピスラズリ）、孔雀石、黄土が使われています。

　秦の始皇帝の墓の埋葬品として有名な兵馬俑（紀元前228年以前）では、赤に丹砂（たんしゃ）（HgS）、鉛丹（えんたん）（Pb_3O_4）、代赭（たいしゃ）（$Fe_2O_3 \cdot 3H_2O$）、緑に緑青（ろくしょう）（$Cu_2(OH)_2(CO_3)$）、白に鉛白、白亜、黒に松煙が使われています。西暦79年のベスビオス火山（イタリア）の噴火で封印されたポンペイの遺跡の顔料も分析されています。このように人類は顔料を用いて色彩を得て、建物、室内、器、装飾品をつくり、美しく飾ってきました。

　漆も長い歴史があります。中国、浙江省余姚市、加拇渡遺跡から約6000〜7000年前の黒・赤漆で彩色された椀が出土し、長い間、これが最古の漆とされていたのですが、近年、北海道南茅部町、垣の島で約9000年前の赤漆塗りの埋葬品が出土（その後、焼失）しています。このころすでに漆に用いることができるだけの顔料精製技術を持っていたことになります。

顔料分散の3つのステップ

2-1 ▶▶▶ ぬれ、解砕、安定化とは

2.1.1 各成分の相互作用を考えよう

　顔料を用いる組成物では、製品の良否はその組成のみでなく顔料分散の良否が品質を決定します。ここでは顔料分散の決め手になる考え方を述べます。

　顔料分散には顔料、樹脂、溶剤が相互に関連します。**図2.1**に顔料分散のための各成分の影響因子と相互作用を示します。顔料の形状や粒子の大きさ、あるいは表面積の大きさが分散体の粘度や沈降

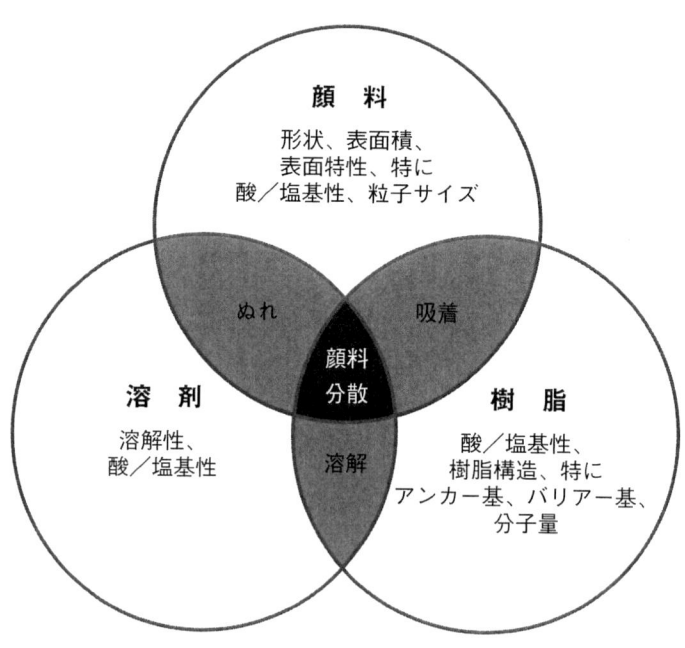

図2.1　各成分の相互作用と影響因子

安定性、さらには塗布後の膜やインキの性能、あるいは成型したプラスチックの性能に影響します。

　特に重要なのは顔料表面の性質です。表面積は樹脂や溶剤の吸着量を左右しますが、表面の酸／塩基性は樹脂や溶剤の顔料への吸着の強さを支配します。すなわち、顔料表面が酸性の場合は塩基性の樹脂や溶剤が、顔料表面が塩基性の場合は酸性の樹脂や溶剤が吸着しやすくなります。また、顔料表面が中性の場合は顔料分散が困難になります。

　顔料と樹脂間の相互作用では吸着がキーワードになります。樹脂は強く顔料表面に吸着し、一方で媒体中に十分に拡がって粒子間の接近を妨げ安定化させることが顔料分散には重要です。吸着には酸／塩基の考え方を活用することが大切で、そのために樹脂分子中に吸着しやすい部分（吸着サイト）を組み込み、これをアンカー（錨）基にします。一方で分子が媒体中に十分拡がって、顔料粒子が接近したときにバリアー（障害）基にするのが理想的です。

　顔料と溶剤間の相互作用では、ぬれがキーワードになります。顔料分散の視点からは溶剤はまず顔料表面をぬらす働きをします。ぬれは顔料表面の空気層などを媒体液に置き換える顔料分散の大切な最初のステップです。ぬれた後の顔料表面には溶剤と樹脂が競争で吸着しますので、樹脂が優先的に吸着するよう溶剤を選択することが必要です。

　溶剤は樹脂を溶解し、適度な粘度にするために大切な材料ですが、樹脂と溶剤間では溶解性の良否がキーワードになります。溶解性が不十分な場合、樹脂は縮んだ形で顔料表面に析出し、十分なバリアー効果を発揮できません。

2.1.2 顔料分散のステップとは

　ところで分散に用いる顔料は粉体として供給される時点では一次粒子ではありません。一次粒子とは粒子が凝集していない本来の粒子の大きさの粒子を言います。例えば、酸化チタンや多くの有機顔料の一次粒子は0.1～1μm程度の粒子径ですが、顔料を製造する乾燥工程で凝集体（二次粒子または粗粒子という）になって供給されます。

　顔料分散は、液体中でこの粒子凝集体を一次粒子に戻し、さらに一次粒子になった分散体を安定化させる作業であり、次の3つのステップで考えることができます。

①ぬ　れ

　分散の第1ステップです。顔料表面を分散媒である樹脂溶液、特に溶剤によってぬらします。ぬれ（湿潤、wetting）は顔料表面の空気層あるいは汚染物質を媒体で置き換えるプロセスです。

②解　砕

　分散の第2ステップです。表面をぬらした顔料に機械的な力をかけて、凝集体を一次粒子にするため解砕（grinding）、混練します。このためにさまざまな分散機を用い、顔料凝集体にせん断力、衝撃力を加えて解砕を行います。

③安定化

　分散の第3ステップです。顔料表面の電荷による電気的な反発、あるいは顔料粒子表面に吸着した樹脂の立体障害効果によって、一次粒子に分散した粒子が再凝集することのないよう安定化（stabilization）させるプロセスです。

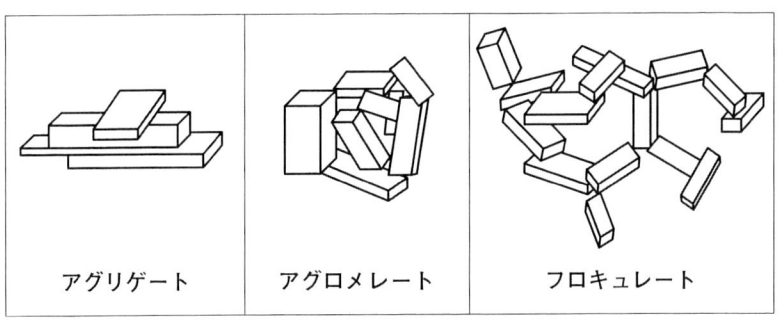

図2.2　顔料凝集体の形態

　解砕、練磨過程で顔料凝集体が一次粒子になる際に生じる新しい表面へのぬれも大切です。

　図2.2のように、分散が不十分な場合の凝集体には粒子が面接触した堅固な凝集体であるアグリゲート（aggregate）と、点あるいは線接触した凝集体であるアグロメレート（agglomerate）があります。また、一度、一次粒子になった顔料が再凝集したものをフロキュレート（flocculate）といいます。

2.1.3　表面張力がぬれを決める

　顔料分散の第1ステップは、ぬれです。このぬれとはどういうことでしょうか。固体表面に重力が無視できる小さな液滴を置いた場合を考えます。液滴はこれ以上拡がることも縮まることもない平衡状態で、図2.3のように、固体表面との間に一定の角度をつくります。この角度θを接触角といいます。このとき、固体の表面張力γ_S、液体の表面張力γ_L、固体／液体の界面張力γ_{SL}の間にはヤング（Young）式[1]が成り立ちます。

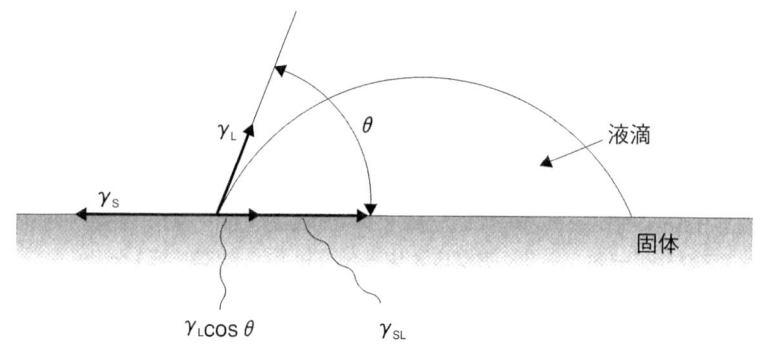

図2.3　固体表面と液滴の接触角 θ

$$\gamma_S = \gamma_{SL} + \gamma_L \cos\theta \tag{2.1}$$

この $\gamma_L\cos\theta$ をぬれ張力と呼びます。液体の表面張力が固体のそれより小さく（$\gamma_S > \gamma_L$）、接触角が0°に近づくほど液体は固体表面をぬらすことができます。

　ところで表面張力とは何でしょうか。容器中の水分子を考えてみます。内部の水分子は周囲から均等な引力を受けますが、表面の分子は液内部からの力だけが働きます。これが表面張力で、例えば水滴は球形になって表面積を最小にするように働きます。これは表面の自由エネルギーを減少させることであり、表面張力は表面自由エネルギーとも呼ばれます。

　液体の表面張力を測定する方法には**図2.4**のように毛細管法、リング法、液滴法、吊板法などがあります。

　毛細管法は液中に毛細管を立て液が毛細管を上昇する高さと、毛細管内部で液が形成するメニスカスの角度から表面張力を求める方法で、メニスカス部の表面張力が上に働く力と液量がつり合っている状態です。リング法は白金などの細いリングを液表面から引き上

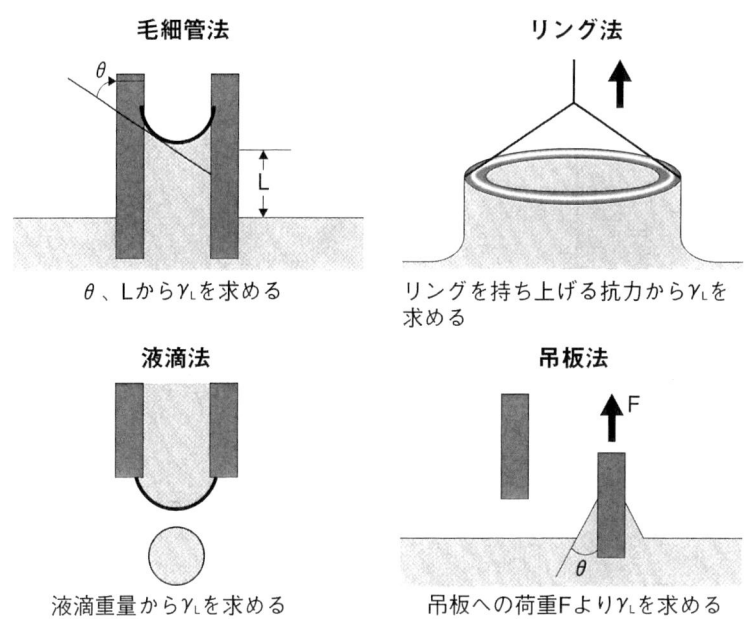

図2.4 液体の表面張力の測定法

げるときの抗力から求める方法です。また、液滴法は細管より液滴を垂らし、その重量から求める方法で、重量と表面張力が等しいときの重量を測定していることになります。吊板法では前進・後退接触角が求められます。

2.1.4 粉体顔料の表面張力を測る

ポリマーのような低エネルギー固体の表面張力の測定法について、ジスマン（Zisman）[2]は一連に表面張力が異なる液体を用いてポリマー上で接触角を測定し、液体の表面張力と$\cos\theta$が図2.5のように直線関係になることを示しました。これをジスマン・プロット

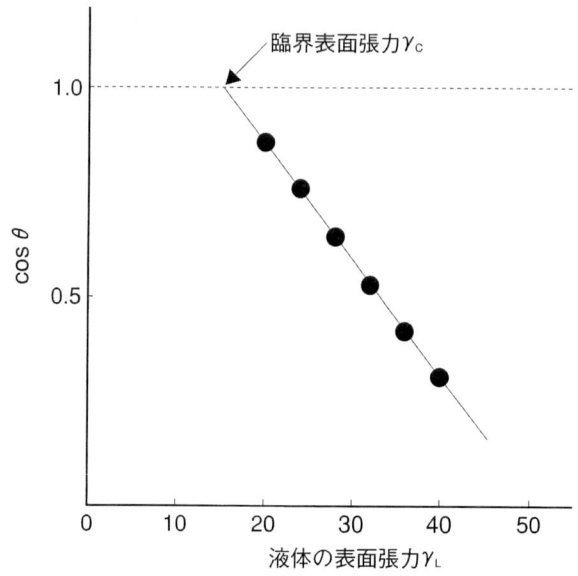

図2.5　ジスマン・プロットによる臨界表面張力の測定

といいます。このようにして$\cos\theta$が1になる、すなわちθが0°になる表面張力を臨界表面張力γ_Cと定義し、それを固体の表面張力としました。ここでγ_Cと同じ表面張力の液体で顔料をぬらすと考えると、$\gamma_L = \gamma_C$、$\cos\theta = 1$ですから、$\gamma_C = \gamma_S - \gamma_{SL}$となり、臨界表面張力は顔料の表面自由エネルギーと顔料／溶剤の界面自由エネルギーの差であることが明瞭です。

　ところで顔料の表面張力を求めるにはポリマーのような平板上の測定というわけにはいきません。一つの方法は顔料をペレット状に成型して、そのペレット上で接触角を測定し、顔料の表面張力を求める方法です。この方法では表面粗度が問題にならないよう注意が必要です。ウー（Wu）[3]らの測定結果ではチオインジゴレッドが51.4、γ‐キナクリドンが49.1、銅フタロシアニンが46.9、トルイジ

ンレッドが53.0mN/mという値であり、測定した有機顔料では42〜63mN/m程度の値になっています。

　また、顔料を詰めた円筒の一端を液に漬け、液の上昇速度から$\cos\theta$求める浸透速度法があります。ウオッシュバーン（Washburn）[4]によれば、液が長さ l をぬれ進むのに必要な時間 t は次式で表わされます。

$$t = \frac{k^2 l^2}{r} \cdot \frac{2\eta}{\gamma_L \cos\theta} \quad (2.2)$$

ここで、k：顔料の幾何学的形状により決まる定数、η：媒体粘度、r：顔料の隙間を毛細管としたときの半径です。得られた$\cos\theta$を、同様にジスマン・プロットすることで顔料の表面張力が求められます。この方法によって求めた無機顔料の表面張力測定結果[5]では酸化チタンが35.6〜41.1、バライトが43.4、酸化鉄赤が28.0、カーボンブラックが40.0mN/mといった値が報告されていますが、これらの値は低すぎるように思われます。

　さらに有機顔料を水に浮かべ、水中にアセトンを加えていって顔料が湿潤したときの水／アセトン比から求めた表面張力をγ_cとして求め、各種シアニンブルーで47〜57、シアニングリーンで42〜58、アゾレーキで49mN/mといった値が報告[6]されています。各種ポリマー、溶剤、顔料の表面張力を**表2.1**に示します。

　液体の表面張力と顔料の表面張力を比較してみましょう。ぬれが良いためには$\gamma_S > \gamma_L$が必要です。有機溶剤を用いる分散体ではほとんどの場合ぬれ不良の問題はありませんが、表面張力が72mN/mの水を分散媒とする水性塗料ではぬれ不良が問題になります。

表2.1　顔料、ポリマー、液体の表面張力

γ_c (mN/m)		γ_L (mN/m)	
ポリマー		液体	
ポリテトラフルオロエチレン	18〜18.5	ヘキサン	18.4
ポリビニルフルオライド	25	ヘプタン	21.2
ポリエチレン	31	オクタン	21.8
ナイロン11	33	シクロヘキサン	24.9
ポリスチレン	33	ベンゼン	28.2
ポリメタクリル酸メチル	39	キシレン	28.5
ポリビニルクロライト	40	トルエン	28.9
ナイロン66	42	ジオキサン	35.4
ポリエチレンテレフタレート	43	メチルアルコール	22.5
		エチルアルコール	22.3
顔料（代表例）		n-プロピルアルコール	23.7
チオインジゴレッド	51.4	i-プロピルアルコール	23.7
γ-キナクリドン	49.1	n-ブチルアルコール	24.6
フタロシアニンブルー	47〜57	n-オクチルアルコール	28.4
フタロシアニングリーン	42〜58	エチレングリコール	47.7
トルイジンレッド	53.0	水	72

　72mN/mよりγsが大きい固体を高エネルギー固体、小さいものを低エネルギー固体と考えればよいでしょう。

　湿潤熱（浸漬熱）も顔料／液体間の相互作用を考えるうえでの尺度になります。湿潤熱は顔料（固体）を液体に浸漬したときに発生する熱で、固体表面のエンタルピーと固・液界面のエンタルピーの差と考えることができます。

2.1.5　溶解性パラメーターと分散安定性

　溶剤が樹脂を溶かしやすいかどうかを考える尺度に溶解性パラメーターδがあります。溶解性パラメーターδは溶剤の単位体積V（cm³）当たりの蒸発エネルギーΔE（これを凝集エネルギー密度と

いう)の平方根で表わされます。

$$\delta = (\Delta E / V)^{1/2} \tag{2.3}$$

　蒸発は液体分子同士が引き合う力に拮抗して行われますから、溶解性パラメーターは分子間の引き合う力を尺度にしたパラメーターで、樹脂と溶剤のこの値が近いほど互いに溶けやすくなります。

　この溶解性パラメーターδを分散力成分δ_d、極性成分δ_p、水素結合成分δ_hに分けて考える3次元溶解性パラメーターがハンセン(Hansen)[7]によって提案され、樹脂／溶剤間の溶解性や顔料／溶剤の親和性が検討されています。

$$\delta = (\delta_d{}^2 + \delta_p{}^2 + \delta_h{}^2)^{1/2} \tag{2.4}$$

　表2.2にいくつかの溶剤の3次元溶解性パラメーターを示します。ハンセンは顔料を多種類の溶剤で分散し、長期に沈降安定性が良好な溶剤の3次元溶解性パラメーターの範囲があることを示しました。

　同様に、多種類の溶剤に顔料を分散して、つぶゲージ（3.3.2節参照）で分散度を評価した結果を、**図2.6**のように3次元溶解性パラメーターの各成分の分率を示す三角ダイヤグラムに示した報告[8]があります。各成分の分率は次のとおりです。

$$f_d = \delta_d / (\delta_d + \delta_p + \delta_h)$$
$$f_p = \delta_p / (\delta_d + \delta_p + \delta_h)$$
$$f_h = \delta_h / (\delta_d + \delta_p + \delta_h) \tag{2.5}$$

　ここでは酸化鉄ブラウンとフタロシアニンブルーの例を示しますが、いずれも粒度が小さい、すなわち分散性が良好な特定の領域があることがわかります。このようにして各顔料について最も分散性の良かった溶解性パラメーターを顔料の分散性パラメーターとして

表2.2 溶剤の3次元溶解性パラメーター (cal/cm^3)$^{1/2}$

	δ	δ_d	δ_p	δ_h
ヘキサン	7.24	7.24	0	0
シクロヘキサン	8.18	8.18	0	0
トルエン	8.91	8.67	1.0	2.0
m-キシレン	8.80	8.50	1.2	2.0
アセトン	9.77	7.58	5.7	2.0
メチルエチルケトン	9.27	7.77	4.4	2.5
メチルイソブチルケトン	8.57	7.49	3.0	2.8
イソホロン	9.71	8.10	4.0	3.6
シクロヘキサノン	9.88	8.65	3.4	3.4
ジエチルエーテル	7.62	7.05	2.45	1.0
酢酸エチル	9.10	7.44	4.6	2.5
酢酸ブチル	8.46	7.67	2.0	3.0
酢酸イソアミル	8.32	7.45	3.4	1.7
メタノール	14.28	7.42	5.5	11.2
エタノール	12.92	7.73	4.0	9.7
n-ブタノール	11.30	7.81	2.5	7.8
シクロヘキサノール	10.95	8.50	2.0	6.6
エチレングリコール	16.30	8.25	4.5	13.3
グリセリン	21.10	8.46	5.9	14.3
エチレングリコールモノブチルエーテル	10.24	7.77	3.5	5.7
水	23.5	7.0	8.0	20.9

求めています。例えば、酸化チタンではδ、δ_d、δ_p、δ_hは各々、11.12、8.28、5.65、4.80、酸化鉄ブラウンでは各々、11.99、8.50、7.00、4.75、フタロシアニンブルーでは各々、10.37、8.23、4.80、4.10 (cal/cm^3)$^{1/2}$という結果になっています。

　溶剤のみを用いて分散するときは、このような親和性の高い溶剤で分散すると顔料分散体は安定化しやすいことになります。逆に分散媒に樹脂溶液を用いる場合は、こうした溶剤は樹脂が顔料に吸着するのを妨げるので、樹脂の溶解性パラメーターを顔料のそれに近づけて、溶剤はやや離すほうが良いことを示唆しています。

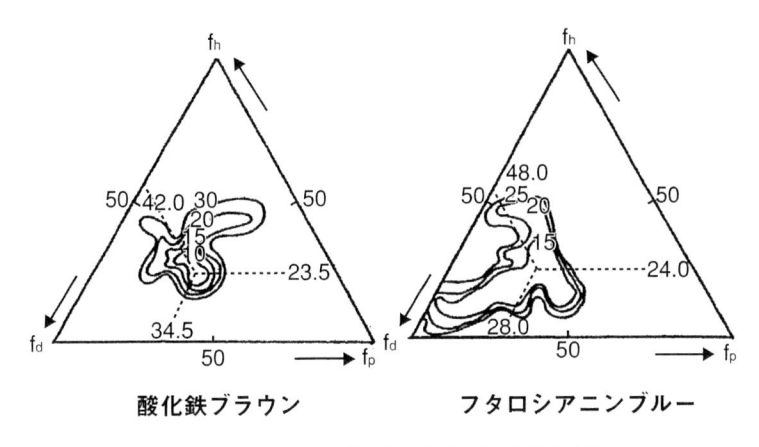

酸化鉄ブラウン　　　　フタロシアニンブルー

出典：竹原佑爾、他・色材協会誌、47,412（1974）

図2.6　顔料の分散安定領域

2.1.6　凝集した顔料を解砕する

　顔料分散の第2ステップは解砕です。顔料製造の乾燥過程で顔料は凝集し、一次粒子（顔料本来の1粒ごとの粒子）が塊り（これを二次粒子という）になります。この二次粒子に機械的な衝撃力とせん断力を加えて、一次粒子に戻そうとするステップが「解砕」です（**図2.7**）。破砕、粉砕という言葉も同義語で用いられますが、ここでは解砕という言葉を用います。

　ところで製品によって顔料分散物に求められる粘度が異なります。水に分散するような化粧品では粘度は低く、通常の塗料などもさほど高いわけではありません。ところが平板印刷用インキなどのペーストインキやパテ、あるいはシーリング剤などでは高粘度を求められ、分散方法も自ずと異なります。

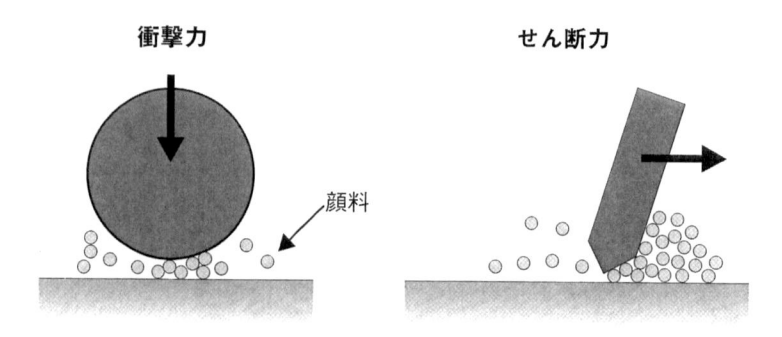

図2.7 衝撃力とせん断力による解砕

　低粘度品の分散にはビーズミルと呼ばれる、分散メディアとしてビーズを用い、このビーズを回転、攪拌することで分散体中の顔料凝集体を解砕する装置が多く用いられます。顔料凝集体には衝撃力とせん断力（粒子にかかるずりの力）が働きます。

　一方、高粘度品の分散には3本ロールミルやニーダーのような装置が用いられますが、この場合は分散体が高粘度のため衝撃力は働かず、もっぱらせん断力によって分散が進みます。近年、装置の進歩と共に比較的高粘度品の分散も可能なビーズミルが広く用いられてきています。

　分散機を使用する場合にどのような粒子径、材質の分散メディアを選び、どの程度充填するのか、分散体と分散メディアの比率はどうすればよいのか、といったことは重要です。それらと共に分散体の配合組成をどのように決定するのかが分散の良否、および生産効率の向上のために大変重要です。解砕過程では設備の機械的な条件と、分散メディア、分散体配合が決め手になります。詳しくは第3章で述べます。

2.1.7 安定な分散体を得るために

ぬれ、解砕の工程を経て得られた顔料分散体を安定に保つ「安定化」が第3ステップです。

一般に分散体は凝集や沈降を生じます。特に粒子同士が固い塊りになって凝集・沈降した場合は再分散が困難になります。分散体が安定でいるためにはどのような考え方が必要かについて見てみましょう。

凝集を防ぐための考え方には表面電位による電気的反発力を利用する考え方と、顔料表面に吸着した樹脂の立体障害を利用する考え方があります。

(1) 表面電位による電気的反発力

粒子が電解質水溶液中に分散しているとき、たいていの場合、粒子表面は帯電しています。この分散体を電場に置くと、帯電の大きさに応じて粒子が移動する電気泳動が起こります。この泳動速度から粒子の表面電位が測定できます。

ここで**図2.8**のように媒体中の粒子は通常、その表面電荷と反対符号の電解質イオンが粒子を取巻く、いわゆる電気2重層をつくっています。実際の電気泳動は裸の粒子の表面電位ではなく、電気2重層の電位（これをゼータ電位、ζ-電位という）によって決まります。粒子表面では、この電気2重層による相互エネルギーは反発力V_Rとして働き、一方で粒子間引力としてのファンデルワールス力V_Aが働きます。

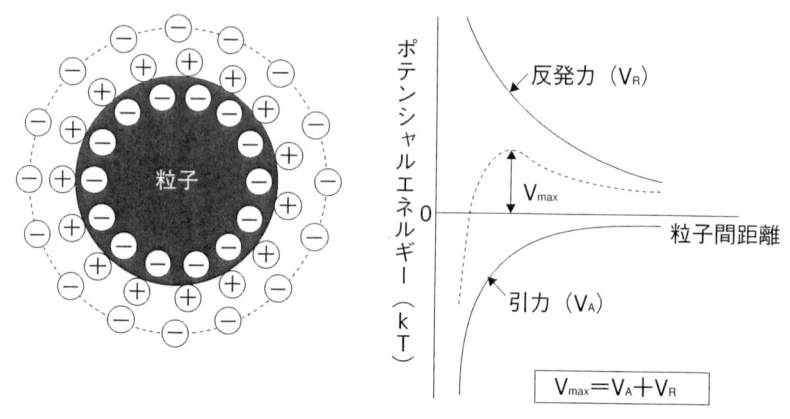

図2.8　液中の粒子の電気2重層とポテンシャルエネルギー

結果的に図に示すように両者の和であるV_{max}が大きいほど粒子が安定であり、$V_{max} > 15kT$で安定であることが知られています。ここで、k：ボルツマン（Boltzmann）定数、T：温度です。

$$V_{max} = V_A + V_R \tag{2.6}$$

これは4人の研究者の名前の頭文字をとったDLVO（Derjaguin-Landau-Verway-Overbeek）理論として知られています。

この考え方は粒子を水のような誘電率の高い媒体中に分散した系では有効です。通常の溶剤に分散したような系でも電荷による安定化への配慮は必要ですが、樹脂吸着層を伴う、特に濃厚溶液での測定・実証は困難です。また実際の分散系ではさまざまな添加剤などの影響でイオン濃度が高く、樹脂吸着層による安定化がより重要になります。

（2）樹脂吸着層の立体障害効果

これは実際の塗料やインキで考えられる安定化に寄与の高い方法

樹脂吸着層

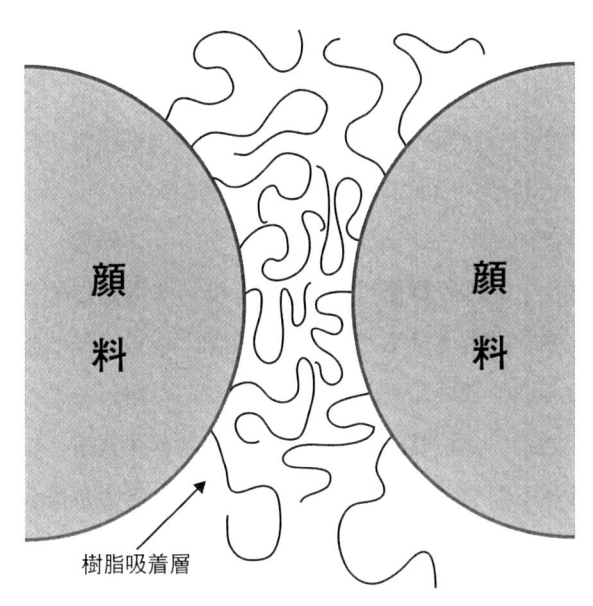

図2.9　吸着した樹脂層による立体障害効果

です。顔料が近接したときに、**図2.9**のように顔料表面に吸着している樹脂が圧迫され樹脂間の立体障害によって凝集を防ぐものです。

　粒子が近接すると、樹脂吸着層のエントロピーが減少するためエントロピー効果とも言われています。こうした樹脂による立体障害効果が発揮されるためには樹脂が顔料によく吸着し、一方で媒体中によく拡がっていることが重要です。4.1.5節で述べますが、吸着には顔料表面と樹脂の酸・塩基性が重要です。また、樹脂や顔料分散剤が媒体中に拡がっておらず、縮まった状態で吸着していても安定化の働きは期待できません。

2.1.8 水性分散体の特徴とポイント

　水性分散体では溶剤系分散体といささか様子が異なります。塗料やインキなどに用いられる水性樹脂には**表2.3**のような水溶性樹脂、コロイダルディスパージョン樹脂、エマルション樹脂、スラリー樹脂があります。水溶性樹脂は水に溶解している樹脂で粒子性がありませんが、水に溶解させるために親水性部が多く、膜になった状態では耐水性が良くないためこれを主成分として用いることは多くありません。他方、水溶性樹脂は顔料分散や粘度調整剤としても用いられています。コロイダルディスパージョンは樹脂の親水性部で親油性部を包んだ、いわば半溶半不溶状のコロイド状分散体です。ポ

表2.3　水性塗料用樹脂の形態

タイプ	粒径（μm）	塗装固形分	乾燥性	安定化機構
水溶性	〜0.01（透明）	低	低	溶解
コロイダルディスパージョン	0.01〜0.1（半透明）	中	低	ブラウン運動
エマルション	0.1〜1（白濁）	高	高	電気的反発
スラリー	1〜（白濁）	高	高	高粘度

リマーエマルションは界面活性剤存在下で乳化重合した直径0.1〜1μm程度の粒子分散体です。この2つは水性樹脂として多く用いられています。懸濁重合法を用いれば、1桁大きい粒子を得ることができます。またスラリーは直径数μm程度の樹脂微粒子を水分散したものです。

こうした樹脂を水性化するためには、樹脂に親水性基を持たせることが必要です。表2.4のように、水性化の方法にはアニオン型、カチオン型、ノニオン型があります。アニオン型はカルボン酸、スルホン酸などをアミン中和する方法で、樹脂の水性化では最も一般的な方法です。カチオン型はアミンを酢酸などのカルボン酸で中和する方法で、代表例としてカチオン型電着塗料があります。ノニオン型は水酸基、エーテル基、アミド基の親水性によって水溶化するものです。

このように水性樹脂では主として、粒子分散型の樹脂を用い、カ

表2.4 水性化の方法

タイプ	親水性基	代表例
アニオン型 (酸のアミン中和)	・カルボキシル基　—COOH ・スルホン酸基　　—SO$_3$H ・リン酸エステル基　—OPO(OH)$_2$	P—COOH＋NR$_3$ ↓ P—COO$^-$N$^+$H—R$_3$
カチオン型 (アミノ基の 酸中和)	・第1級アミン　　—NH$_2$ ・第2級アミン　　—NH— ・第3級アミン　　—NR$_2$ ・第4級アミン　　—N$^+$R$_3$	P—NR$_2$＋RCOOH ↓ P—N$^+$H—R$_2$—OCOR
ノニオン型 (親水性基)	・水酸基　　　　　—OH ・エーテル基　　　—O— ・アミド基　　　　—CONH$_2$	

ルボン酸をアミンで中和するなどしてイオン化します。そこに顔料を加えることになります。

　水分散系ではまずぬれが問題になります。前述のように、水は表面張力が大きく、有機顔料のぬれには問題があります。こうした場合、界面活性剤や少量の有機溶剤の助けを借りてぬれを改善します。水性樹脂として最も一般的なポリマーエマルションの顔料分散では、まず顔料を水および分散剤で分散したピグメントペーストを作成し、これをエマルションに加えます。エマルションに直接、顔料を加えて分散しようとする場合、加えた顔料近傍の水が局所的に顔料に吸収されエマルションが融着状態になることや、分散機を用いた場合、エマルションが破壊されて凝集状態になることがあるのでピグメントペーストを用います。

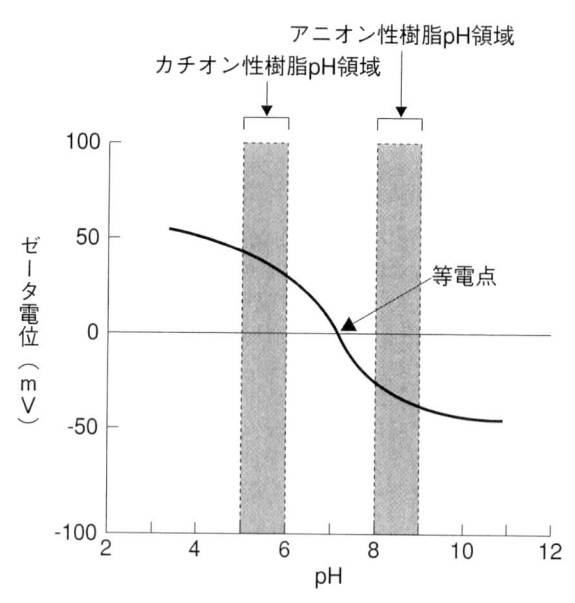

図2.10　粒子分散体の等電点の模式図

水系の分散では、表面電位と顔料表面への樹脂の吸着に注意が必要です。粒子分散体のゼータ電位は**図2.10**に示すように分散媒のpHによって変化し、pHの増大によって電位は正から負に変わります。電位が０の点を等電点と言いますが、等電点では電気泳動が生じず、粒子間の電気的反発がないので粒子は凝集、沈降することになります。

　顔料の等電点は、**表2.5**[9]に示すように、例えば、α-Al_2O_3は9.1〜9.2、SiO_2（石英）は1.8〜2.5、TiO_2（合成ルチル）は6.7といった値が知られています。

　ところで塗料やインキなどに用いる水性樹脂は系の安定性から見て、アニオン型ではpH＝８〜９、カチオン型ではpH＝５〜６程度に中和して用います（図2.10）。樹脂のpHが高い場合には顔料粒子のゼータ電位は負に帯電するので、高分子分散剤には塩基性基を導入するなど、pHとの関係に注意が必要です[10,11]。実際の塗料やインキでは数種類の顔料を混合して用いるので、顔料の等電点に対する考

表2.5　顔料の等電点の例

顔　料	等電点（pH）
α-Al_2O_3	9.1〜9.2
γ-Al_2O_3	7.4〜8.6
CuO	9.5
Cr_2O_3（水和物）	6.5〜7.4
α-Fe_2O_3（赤鉄鉱）	8.3
γ-Fe_2O_3	6.7〜8.0
SiO_2（石英）	1.8〜2.5
SiO_2（ゾル）	1〜1.5
SnO_2	6.6〜7.3
TiO_2（合成ルチル）	6.7
TiO_2（合成アナターゼ）	6.0

出典：古澤邦夫・ゼータ電位、p96（1995）サイエンティスト社

慮が重要になります。

　顔料分散の安定化のためには分散樹脂の顔料への吸着が重要ですが、水系樹脂を非極性の有機顔料にどのように吸着させるかは難しい課題です。これに対しては水中でエネルギー的に不安定な樹脂の疎水性基を顔料表面に吸着させることによって、分散安定化を図る疎水性相互作用を用いることが有効であると知られています[10, 11]。疎水性相互作用自体の安定化のエネルギーは、水素結合の2〜5 kcal/mol、酸・塩基相互作用の10kcal/mol程度と比べても低く、決して大きなものではありませんが、水中で排除された分散剤と顔料の疎水基が互いに安定化するように働くもので、水中では有効な働きを持つと考えられます[12]。

ちょっと一息(2) 物の大きさ

　自然というものはなんと見事にあらゆるものを創造し、美しくバランスをとっているものかと、ついつい感心してしまいます。そして、われわれを取り巻くあらゆる物質もその固有の大きさと、特性をもってそれぞれがそれぞれの大きさで光り輝いている存在だと思います。

　宇宙の果てはどうなっているのかは私にはわかりませんが、われわれは地球の大きさは十分理解しています。地球の直径は1万2742km、赤道付近では1万2756kmとやや大きく、極付近では1万2713kmとされています。ちなみに赤道付近の円周は4万77km、極付近のそれは4万9kmとされています。

　物の長さ、大きさを一つの尺度(m)で図に示しました(妹尾学『随想、熱力学の周辺』1991、共立出版)。この地球上で最も高い山はエヴェレスト(チョモランマ)で海抜8848mです。最大の生物シロナガスクジラの体長は20～30m、体重は100～200tです。1909年ノルウエーの捕鯨船が33.6mの鯨を捕えたとの記録があります。

　人間の背丈は1.5～2m程度で

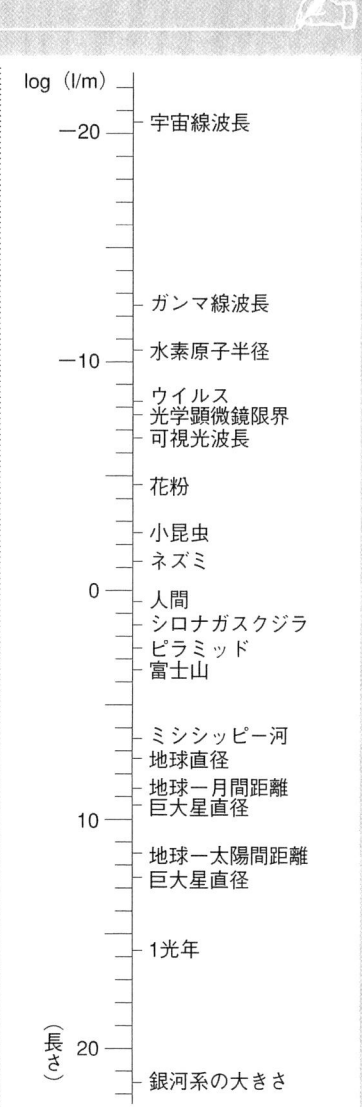

log (1/m)

- −20 ── 宇宙線波長
- ── ガンマ線波長
- −10 ── 水素原子半径
- ── ウイルス
- ── 光学顕微鏡限界
- ── 可視光波長
- ── 花粉
- ── 小昆虫
- ── ネズミ
- 0 ── 人間
- ── シロナガスクジラ
- ── ピラミッド
- ── 富士山
- ── ミシシッピー河
- ── 地球直径
- ── 地球−月間距離
- ── 巨大星直径
- 10 ── 地球−太陽間距離
- ── 巨大星直径
- ── 1光年
- (長さ) 20 ── 銀河系の大きさ

すが、小さいものではミツバチが10mm程度、ミジンコが2mm程度、雨滴は0.5～5mm程度、人間の髪の毛の直径が60μm程度、霧は2～30μm程度、杉花粉が30μm程度の大きさです。この本で扱う顔料の一次粒子の大きさは体質顔料であるタルク、クレーは数μm、無機顔料の酸化チタンは0.2μm、べんがらは0.1～2μm程度、有機顔料はさまざまありますが0.01～0.5μm程度の大きさです。ちなみに大腸菌は2μm程度、インフルエンザウイルスが0.1μm程度、乳化重合法で合成するポリマーエマルションの粒子径も0.1～1μm程度でサイズ的には同じ領域に入ります。

　より小さな世界はナノの世界です。カーボンナノチューブの大きさは3nm程度です。こうした微粒子の分散も重要な課題です。

分散機の使い方と分散度の評価

3-1 ▶▶▶ 顔料充填量とミルベース配合

3.1.1 理論的最大充填量、最密充填とは

　この章では顔料粒子をどこまで充填することができるのかという充填量の問題、あるいは分散配合体（ミルベース）の組成はどのように決めたらよいのか、分散機にはどのようなものがあるのか、そして分散度はどのように評価するのか、といった問題について述べたいと思います。

　顔料が分散媒である液体中、あるいは固体樹脂中にどれだけ充填できるのかを考えることは分散体の配合を考えるうえで重要であると共に、第6章で述べる粘度との関係や、第7章で述べる充填プラスチックや塗料硬化膜の物性を考えるうえでも重要です。

　まず同一粒子径の球の充填を考えます。考えるモデルは結晶構造の原子の配列と同じです。図3.1、表3.1[1]に示すように、立方系粗充填では球の体積と空隙の体積は各々52.36％、47.64％になります。斜方系粗充填では60.46％、39.54％になります。どちらの系でももうこれ以上詰まらないという理想的な充填状態、すなわち最密充填の場合の充填率は74.05％になります。この値は第6章で述べる粘度式でも重要な値になります。実測例では、最大充填率は60〜65％程度の値を示すことが知られていますが、74.05％は理想モデルの値として覚えておく必要があります。

　さらにこれらの充填モデルの空隙にぴったりとはまる小球を充填した場合の充填率についても表3.1に併記します。立方系粗充填および斜方系粗充填に小球を詰めた場合、充填率は各々71.1％と

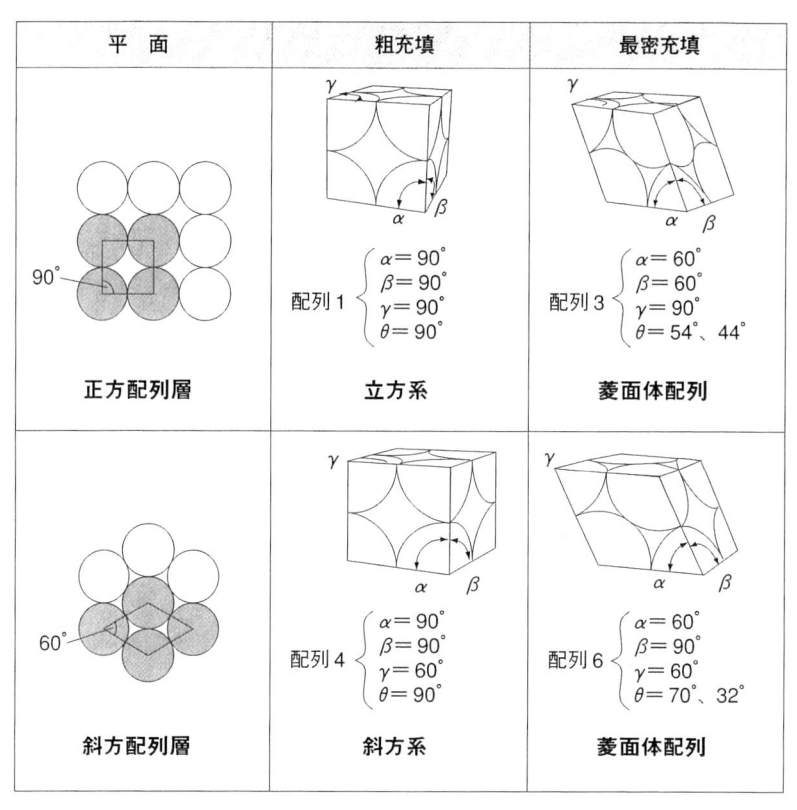

平面	粗充填	最密充填
正方配列層 90°	配列1 立方系 $\begin{cases}\alpha=90°\\\beta=90°\\\gamma=90°\\\theta=90°\end{cases}$	配列3 菱面体配列 $\begin{cases}\alpha=60°\\\beta=60°\\\gamma=90°\\\theta=54°、44°\end{cases}$
斜方配列層 60°	配列4 斜方系 $\begin{cases}\alpha=90°\\\beta=90°\\\gamma=60°\\\theta=90°\end{cases}$	配列6 菱面体配列 $\begin{cases}\alpha=60°\\\beta=90°\\\gamma=60°\\\theta=70°、32°\end{cases}$

図3.1 粒子の充填モデル、立方系と斜方系

表3.1 充填モデルと充填率

充填方式	原球の充填		空隙にはまる小球を充填したとき			
	接触点数	充填率（%）	小球半径	充填率(%)	混合比（%）	
					原球	小球
立方系粗充填	6	52.36	0.723R	71.1	71.9	28.1
斜方系粗充填	8	60.46	0.528R	69.33	87.2	12.8
最密充填	12	74.05	0.225R 0.414R	81.00	91.5	1.85 6.50

＊R：原球半径

出典：久野洋（久保輝一郎他編）・粉体、理論と応用、p211（1962）丸善

69.33％になります。また、最密充填では粒径の異なる2種の小球が必要ですが、この場合81.00％の充填率になります。

　こうした粒径の異なる粒子の組み合わせは充填率の向上や、分散体の粘度の低下のために有効です。ポリマー微粒子の水分散体であるエマルションの粘度は、大／小粒子を混合することで大きく低下することが知られています。粒子形状と充填率の関係は第6章を参照ください。

3.1.2　CPVCの目安になる吸油量

　顔料の表面をぬらし包み込むのに必要な油の量である吸油量を考えてみましょう。図3.2のようにガラス板上に一定量の顔料を置き、アマニ油を少しずつ滴下しながら、ヘラでよく混ぜ合わせていきます。最初バラバラだった顔料粉末が、パテ状の1つの塊りになった時点のアマニ油の量が吸油量（アマニ油ml／100ｇ顔料、あるいは

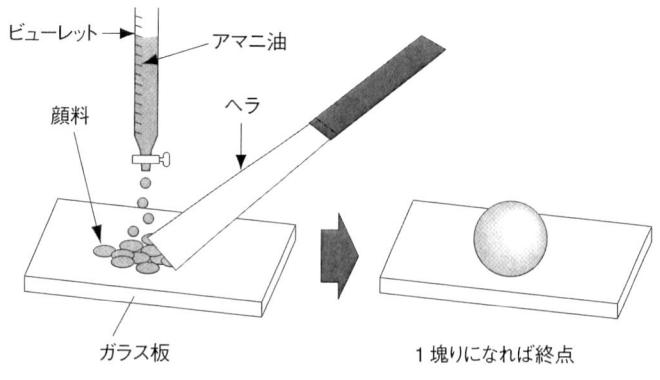

図3.2　吸油量の測定

g／100 g 顔料）です。終点の判定は官能的ですが、簡便な目安を求める方法として有益です。

　この吸油量は、顔料表面を均一に覆い、なおかつ粒子間の空隙を埋めるのに必要なアマニ油の量である、と言えます。顔料は種類によって粒径が異なります。また、粒子形状も球形、棒状、鱗片状などさまざまで、密度も異なります。したがって、同じ重量の顔料であってもその体積、表面積は異なり、吸油量は著しく異なった値になります。

　水性樹脂であるポリマーエマルションの顔料分散では、ピグメントペーストを用いることを2.1.8節で述べましたが、こうした場合、吸油量ではなく吸水量を測定することがあります。吸水量は無機顔料の場合、吸油量の90％程度の値になることが知られています。

　顔料の充填量を考えるときの重要な考え方に、臨界顔料体積濃度（CPVC；Critical Pigment Volume Concentration）があります。これは樹脂が充填した顔料表面を覆い、かつ顔料間の空隙を埋めることのできるぎりぎりの量であるときの、顔料の充填体積量です。この点を境に顔料量をさらに増やすと樹脂が連続膜を形成できないことから、光沢や引張特性などが大きく低下し、透水性が大きくなるなど性能が大きく低下します。

　アマニ油と樹脂では特性が異なり同一視はできませんが、吸油量はこのCPVCを推定する目安になります。ちなみにアマニ油の密度は0.935 g／cm^{3}です。顔料の密度がわかれば各々の体積が求まり、吸油量での顔料体積濃度（PVC）が容易に求められます。例えば無機顔料のルチル型酸化チタンの密度を4.2、吸油量を18とするとPVCは55、有機顔料のフタロシアニンブルーでは密度を1.5、吸油

量を30とするとPVCは68、表面積の大きいカーボンブラックでは密度を1.82、吸油量を100とするとPVCは34という値になり、顔料種によって大きく異なります。吸油量については表1.1（1.1.3節）を参照ください。ただし表1.1ではアマニ油ml／100g顔料で示しています。

エマルション樹脂は粒子分散型樹脂であるため、通常の吸油量とは異なり、アマニ油による吸油量（V_L）と同量の顔料表面を覆うのに必要なエマルション樹脂量（V_E）の比は、$V_L／V_E ≒ 0.7〜0.8$程度です[2]。これは顔料粒子をエマルション粒子が取り囲む形で、ある程度水が蒸発するとエマルション粒子が変形、融着するためです。したがって、顔料粒子間の距離やV_Eはエマルション粒子の粒径に依存することになり、CPVCはエマルション粒子径が小さいほど高く、エマルション粒子径の対数に反比例することが知られています。

3.1.3　フローポイントでミルベース配合が決まる

ダニエル（Daniel）[2]が提唱したフローポイント（Flow Point）の測定は、ミルベース（顔料分散体）組成を考えるうえで大切な指標です。図3.3に示すように、一定量の顔料をガラスビーカーに取り、ガラス棒でかき混ぜながら樹脂溶液を少しずつ加えていきます。最初、バラバラだった粒子がやがて１つのパテ状の塊りになる点がボールポイントです。

アマニ油を用いた場合、これを吸油量として扱うこともありますが、前述の吸油量に比べ、この方法ではより多くのアマニ油量が必要です。さらに攪拌しながら樹脂溶液を加えていくと液状になり粘

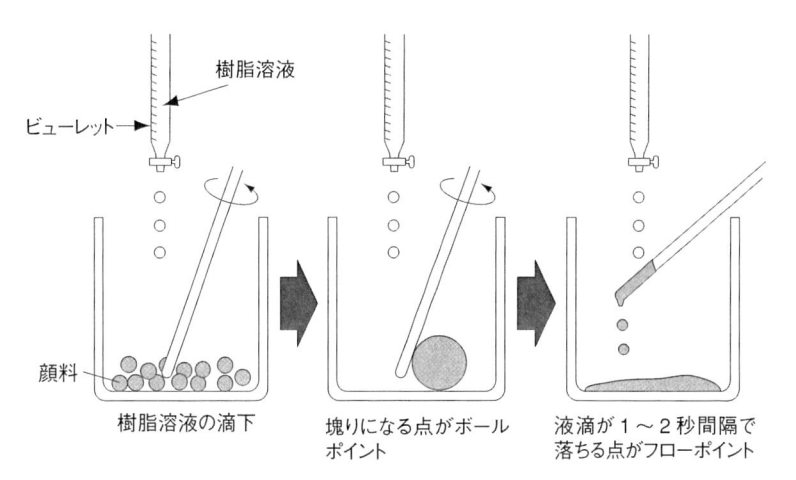

図3.3　フローポイントの測定

度が低下します。攪拌しているガラス棒を素早く持ち上げて、ガラス棒の先端からポタポタと最後にたれ落ちる数滴が1～2秒間隔でたれ落ちるときの樹脂溶液量を求めます。粘度は80KU（Krebs Unit、ストマー粘度計の粘度単位）程度です。これがフローポイントのときの液量になります。フローポイントも終点判定は官能的で測定に個人差が生じますが、熟練すると特定の個人では大きなふれはありません。

　顔料分散に用いる分散体配合物をミルベースと言いますが、実際にボールミルやサンドグラインダーのミルベース組成を求めようとする場合には、濃度が一連に異なる樹脂溶液を用い、各樹脂濃度で図3.4のようにフローポイントを求めます。このフローポイントカーブ以上の顔料濃度の領域では分散メディアを用いた分散機による分散はできません。このカーブの顔料濃度よりやや低い領域で、一定の樹脂濃度範囲を選ぶと良好なミルベース組成が得られます。あまり樹脂濃度が低い場合は分散後に加えられる残りの組成物（レッ

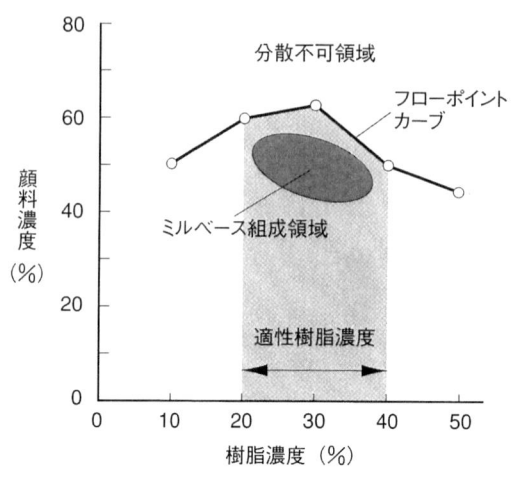

図3.4　フローポイントによるミルベース組成の決定

トダウン、Let Down）による混合ショックが起きる可能性があります。生産効率を考えて、樹脂溶液の固形分濃度が20〜40%程度の領域でミルベース組成を選びます。

3.1.4　レットダウンでトラブルを起こさないために

塗料やインキをつくるうえで考えなければいけない配合に次の3つがあります。
①膜の組成
　溶剤が揮発し、固体膜になったときに十分な性能を発揮できる組成です。すなわち、最終製品の配合組成です。
②塗料、インキの組成
　塗装作業性や安定性を配慮した塗料、インキの組成です。
③ミルベースとレットダウンの組成

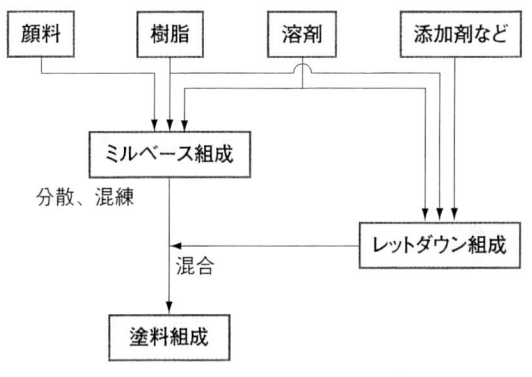

```
┌──────┐ ┌──────┐ ┌──────┐ ┌──────────┐
│ 顔料 │ │ 樹脂 │ │ 溶剤 │ │ 添加剤など │
└──┬───┘ └──┬───┘ └──┬───┘ └────┬─────┘
   │        │        │           │
   ▼        ▼        ▼           │
  ┌──────────────┐               │
  │ ミルベース組成 │               │
  └──────┬───────┘               │
         │ 分散、混練             │
         │          ┌────────────┘
         │          ▼
         │    ┌──────────────┐
         │◄───│ レットダウン組成 │
         │ 混合└──────────────┘
         ▼
   ┌──────────┐
   │ 塗料組成 │
   └──────────┘
```

図3.5　ミルベース組成とレットダウン組成

　ミルベース組成は高い顔料濃度で分散し、分散効率を上げることが重要です。図3.5に示すように塗料組成からミルベース組成を除いた残りがレットダウン組成です。

　塗料配合中の溶剤量が多い場合はレットダウン組成に自由度がありますが、ミルベース組成によってレットダウン組成が支配されるため、特に固形分が高く溶剤量の少ない塗料配合ではレットダウン組成の樹脂濃度が高くならざるを得ません。

　ミルベースとレットダウンを混合するとき、樹脂濃度に大きな開きがあると顔料の凝集を起こすことがあります。溶剤濃度の高い（樹脂濃度の低い）レットダウン部に溶剤濃度の低い（樹脂濃度の高い）ミルベース組成を加えていくと、図3.6に示すようにレットダウン中の溶剤がミルベース中の樹脂分を抽出し、顔料がフロキュレーションを起こすことがあります。

　逆に樹脂濃度の高いレットダウン部に溶剤濃度の高いミルベースを加えると、ミルベース中の溶剤が急速にレットダウン部に吸収さ

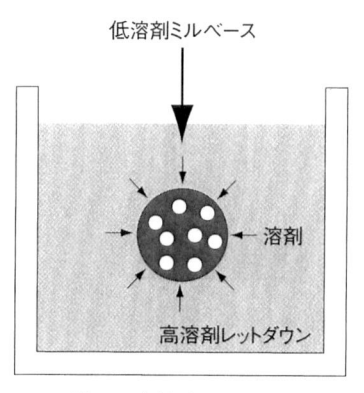

```
    低溶剤ミルベース              高溶剤ミルベース
         ↓                           ↓
   ┌─────────────┐           ┌─────────────┐
   │      →●←    │           │      ←●→    │
   │   →●○○○●← 溶剤│           │   ←○○○→ 溶剤│
   │      →●←    │           │      ←●→    │
   │  高溶剤レットダウン  │           │  低溶剤レットダウン  │
   └─────────────┘           └─────────────┘
```

| レットダウンの溶剤がミルベースの樹脂を抽出、顔料はフロキュレート | ミルベースの溶剤がレットダウンに拡散、顔料はアグロメレート（シーディング） |

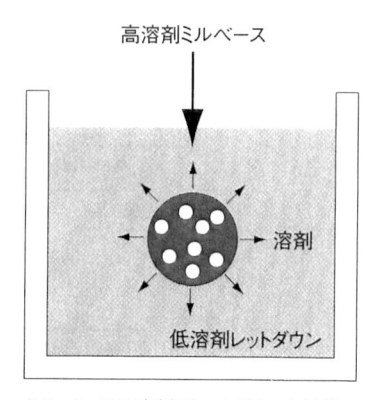

図3.6　レットダウンの問題

れ、顔料がアグロメレート（2.1.2節参照）を起こすことがあります。これはシーディング（Seeding）と呼ばれる粒の発生原因になります。このような場合、添加順序を逆にしてミルベースに少しずつレットダウンを加えるよう変更することや、できるだけミルベースとレットダウンの樹脂濃度に差がないよう設計に注意を払うことが必要です。

3-2 ▶▶▶ 分散機の特徴と使い方

3.2.1 ミルベースの粘度で分散機を選ぶ

それでは顔料分散に用いる分散機にはどのような種類があるのか見てみましょう。製品の種類、用途によって求められる分散の程度、あるいは製品の粘度特性はさまざまです。したがって、分散機もこれら粘度特性に対応したものを選ぶ必要があります。

表3.2に各種のインキの粘度と用いる分散機を示します[3]。粘度

表3.2 インキの分散に用いられる分散機と粘度

インキ分類	適用練肉機	粘度（Pa・s） 10^{-1} ～ 10^4
グラビアインキ フレキソインキ 新聞凸輪インキ 製缶塗料 PCM塗料 ワックス	低粘度用ビーズミル BOAミル LMミル パールミル ダイノミル サンドミル	
新聞オフ輪インキ オフ輪インキ	高粘度用ビーズミル （コブラミル、RMミル）	
枚葉インキ 金属平版インキ	ロールミル	
フラッシュベース	ニーダー	
練肉機種別 ＜適用粘度範囲＞	低粘度用ビーズミル 高粘度用ビーズミル ロールミル ニーダー	

出展：野口典久・色材協会誌、71,57 (1998)

が数Pa・s（パスカルセカンド＝10ポイズ）の場合は、サンドミルなどの低粘度用ビーズミルが用いられます。ビーズミルはビーズを分散メディアに用いる分散機です。数10Pa・sの粘度領域では高粘度用ビーズミルが用いられます。100Pa・s程度の高粘度分散体には3本ロールミルが用いられます。さらに数100Pa・s以上の粘度の分散体にはニーダーが用いられますが、これらの適用粘度範囲は機種によって大きな差があります。低粘度分散体では衝撃力とせん断力が解砕の決め手になり、高粘度分散体ではせん断力が分散の決め手になります。

サンドミル、横型分散機などのビーズミルでは分散メディアと呼ばれるビーズとミルベースを容器に入れ、回転させてビーズの衝撃・せん断力で顔料の粗粒子を解砕、練磨します。ビーズにはガラス（密度≒2.5）、ジルコニア（主成分ZrO_2、密度≒6.0）、ジルコン（ZrO_2／SiO_2、密度≒3.8）、チタニア（TiO_2／Al_2O_3／SiO_2、密度≒3.9）、アルミナ（Al_2O_3、密度≒3.5）、スチール（密度≒7.9）ビーズなどがあり、用途に応じ直径0.1～20mm程度のビーズを用います。**表3.3**[3]に示すようにサンドミルでは直径1～2mm程度のガラスビーズ、ジルコニアビーズが一般的です。アトライターやボールミルでは直径5～20mm程度の鋼球やセラミックボールが用いられます。

こうしたビーズは小粒径であるほど顔料との衝突頻度が上がりますが、運動エネルギーは低下します。そこでより密度の大きいビーズを用いると分散効率が上がります。表3.3のサンドミル用の直径1.0mmφのガラスビーズとジルコニアビーズの運動エネルギーをみると後者が前者の2.3倍になっています。また、直系17mmの鋼球を

表3.3　分散用ビーズの運動エネルギーの比較

	サンドミル					アトライター	ボールミル
ビーズ径mmφ	0.2	1.0	1.0	2.5	2.5	5.0	17.0
材質	ガラス	ガラス	ジルコニア	ジルコニア	スチール	スチール	スチール
比重	2.6	2.6	6.0	6.0	8.0	8.0	8.0
ビーズ速度m/S	10	10	10	10	10	2.7	1.7
運動エネルギーの比	8×10^{-3}	1	2.3	37.0	47.0	28.0	436.9
単位体積当たりのビーズ個数比	125	1	1	6×10^{-2}	6×10^{-2}	8×10^{-3}	2×10^{-4}

出展：野口典久・色材協会誌、71,57（1998）

用いたボールミルでは437倍になっています。アトライターやボールミルでは直径が大きく密度が高いビーズを用い、低い衝突頻度は長時間をかけることによって、分散の困難な顔料、例えばカーボンブラックなどの分散を行います。

3.2.2　ボールミルとアトライターの操作条件

　ボールミルは円筒形のドラムに直径10〜30mm程度のボールとミルベースを入れて、ドラムを回転することによって分散を行う最も古くから用いられてきた装置です。チルド鋼やニッケル合金のボールを用い、ミル（円筒）の内壁が鋼の場合をボールミルと呼び、ボールとミルの内壁がセラミックの場合をペブルミルという呼び方をする場合もありますが、総称してボールミルと呼びます。金属ボールは比重が大きく、分散に対する衝撃力が大きいのですが、金属の摩耗による着色の問題が出る場合があります。
　ボールミルでは下記条件が分散を支配します。

①ミルの回転数
②分散メディアの材質と大きさ
③分散メディアの充填量
④ミルベースの組成と充填量

　ミルの回転速度は図3.7[2]に示すように、ミル中でボールがなだれ落ちる速度にする必要があります。早い回転速度では滝状態になり、ボールの接触による分散がなされず、ボールや壁面の破壊・損傷が大きくなります。回転により持ち上げられたボールがなだれ落ち、ボール間の接触で分散されるので回転が遅すぎると分散効率が低下します。最適な回転数R_Nは、$R_N(rpm) = (37 - 3.3 r) / r^{1/2}$で示されます[2]。rはミルの半径です。

　ボールとミルベースの充填量は、両者の合計でミルの内容積の50％が最適です。この充填量でボールは最も長い距離をなだれ落ちることができます。この充填量のときに、それより多い場合や少ない場合に比べて回転に要する消費エネルギーが最大になります[2]。また充填量が少ないとボールや内壁の損傷が大きくなります。ボー

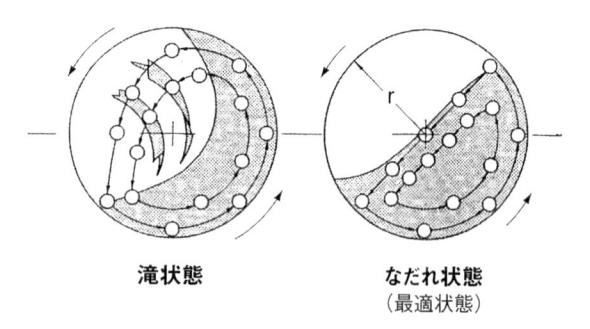

滝状態　　　なだれ状態
　　　　　　（最適状態）

出典：T.C.Patton・塗料の流動と顔料分散、p204（1971）共立出版

図3.7　ボールミルの回転速度

ルとミルベースの占める体積比は、均一粒子径のボールを用いた場合には60対40程度です。したがってボールミルではボール／ミルベース／空間体積比は30／20／50が良好な比率とされています[2]。ボールミルではボールの衝撃力は大きいのですが、接触頻度は小さいため数10時間〜数日をかけて難分散性の顔料の分散を行います。

ボールミルによる分散性は、ボールの直径を大きくすること、ボールの密度を大きくすること、ミルベースの密度を下げること、ミルベースの粘度を下げることで向上させることができます。

アトライターと呼ばれる縦型の分散機は、**図3.8**に示すように、直径5〜30mm程度のアルミナなどのボールを、タンクの中心に置かれたピンの付いた攪拌棒でかき混ぜる方式の分散機です。垂直の回転軸には回転軸に直角に、かつ各々の角度が少しずつ異なるように5、6本の腕木があり、それを回転させてボールにせん断応力を

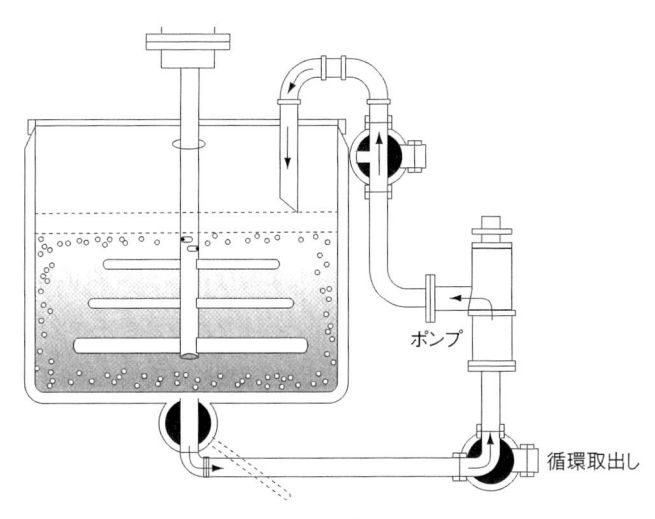

図3.8 アトライター

与え分散を行うものです。

　この装置はいわばボールミルの縦型と言えますが、ミルベースを循環させることもできるためボールミルより10倍程度の分散の効率化が図れるとされています。しかし、現在ではボールミルもアトライターも特定の用途以外はビーズミルに置き換わり、その使用は多くありません。

3.2.3　最初の連続式生産機、サンドグラインダー

　サンドグラインダー（サンドミル）は1950年代にデュポン社によって開発された縦型の連続式分散機で、当初、20～40メッシュのオタワサンドを分散メディアに用いたためサンドグラインダーと呼ばれています。図3.9に示すように縦型の円筒（ベッセル）の中心にディスクのついた攪拌軸を設置し、ビーズを加えて、容器下部からあらかじめ予備混合したミルベースを送り込み顔料分散を行う装置で、連続操業が可能です。現在ではオタワサンドに代わりより高硬度、高密度で清浄な直径1～2mm程度のガラスビーズ、ジルコニアビーズなどが用いられます。解砕、混練されたミルベースはベッセル上部でスクリーンにより分離され取り出されます。

　サンドグラインダーの分散効率は下記条件によって変化します。
①分散メディアの種類と大きさ
②かき混ぜ円板（ディスク）の形と回転速度
③ミルベース組成と粘度
④ミルベース／分散メディア比

　ディスクの外周部にある分散メディアはディスクと同じ速度で運

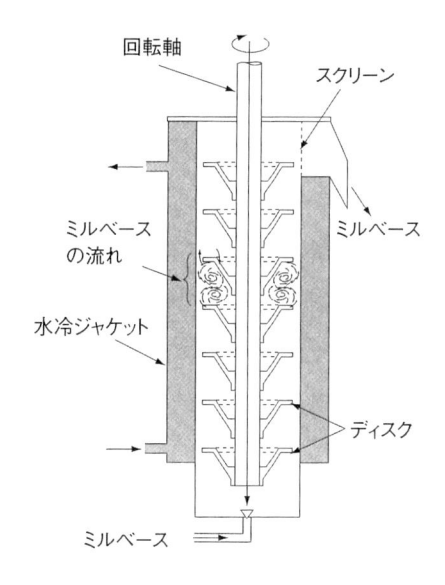

図3.9　サンドグラインダー

動すると考えると、その遠心力FはF=mv²/rで与えられます。ここでmはメディアの質量、vは外周速度、rはディスク半径です。この力Fは顔料の凝集体を壊すには十分な力になり解砕が進行します。サンドグラインダーでは2枚のディスク間でミルベースと分散メディアが乱流になりそれが分散を進めます。分散メディアとミルベース体積比は50対50程度が好適です。メディア量が多いと流動がダイラタント（第6章参照）になり、抵抗が大きくなります。またメディア量が少ないと分散効率が低下します。分散メディアであるビーズの密度が高いほどミルベースの粘度を高くすることが可能です。すなわちガラスビーズでは1Pa・s程度ですが、ジルコニアビーズでは20Pa・s程度のミルベースの分散が可能になります。また、ミルベースはあらかじめよく予備混合しておくことが、分散効率を上

げるうえで重要です。

　サンドグラインダーでは分散中に発熱によって70℃近い温度に達することも珍しくありませんので、円筒の外側に水冷ジャケットを着けて冷却するなどの対策をとります。

　顔料はその形状、表面積によってフローポイントの顔料濃度が大きく異なります。図3.10[2]の３角ダイヤグラムにサンドグラインダーのミルベースの推奨配合を示します。顔料種による違いが大きく、酸化チタンやクロム緑は高濃度ですが、有機顔料やカーボンブラッ

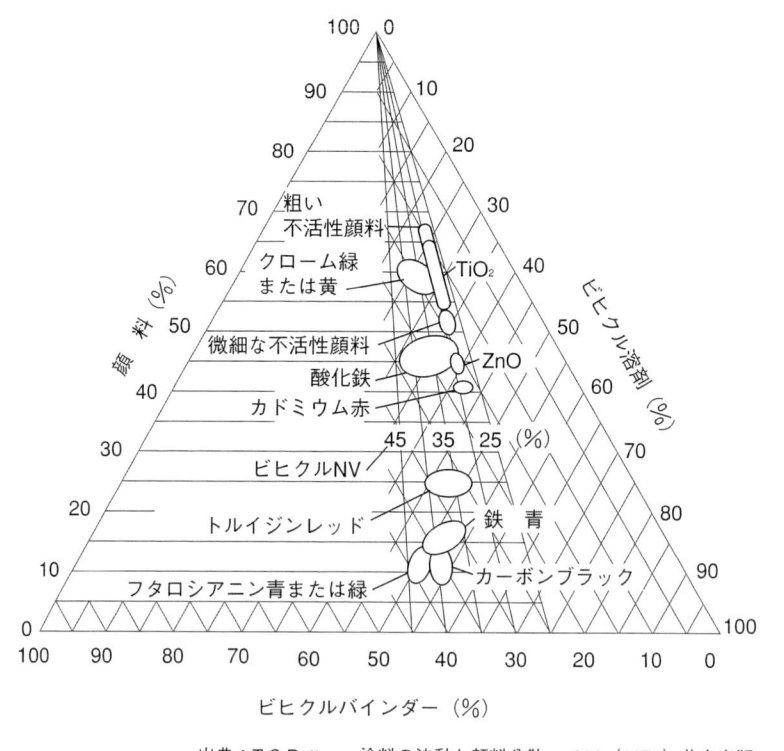

出典：T.C.Patton・塗料の流動と顔料分散，p228（1971）共立出版

図3.10　サンドグラインダー用ミルベースの組成領域（重量％）

クは顔料濃度が低い組成になっていることがわかります。

サンドグラインダーは現在も広く用いられ、次に述べる各種ビーズミルの原型になっている分散機です。

3.2.4　新しい改良型ビーズミルを使う

サンドグラインダーを含むビーズミルには縦型と横型があります。一般に縦型は分散メディアの充填量とミルベース流量のバランスをとって、分散メディアの分布を安定化しやすいのに比べ、横型は偏在する傾向が強くなります。また、横型は片もちになっているため粘度が高い分散体では無理がかかり、縦型は高粘度用には有利という特徴がありますが、これらの点は横型ではローターの開発で改良されています。一方、横型はベッセルやシャフトの取り外しなどのメンテナンス性が良く、運転開始時の負荷も小さいため、現在では多く用いられるようになっています。

ローターはディスク型、円筒型、アニュラー型（環状型）に分けられます。サンドグラインダーに見られるディスク型では、ディスク円周部近傍は力がかかりますが、ローター軸近傍ではせん断力も衝撃力も小さく、ミルベースをよく循環させることが必要です。そこでピンやスパイク状突起を持つ円筒形のローターの分散機が開発されてきました。図3.11[4]には縦型のピンディスク方式、横型の多孔ディスク方式、ピンローター方式、偏心ディスク方式の模式図を示します。また、一例としてスターミル®LMZと呼ばれるピンローター型の写真[4]を図3.12に示します。

アニュラー型はベッセルとローターの間隙が狭い中でローターを

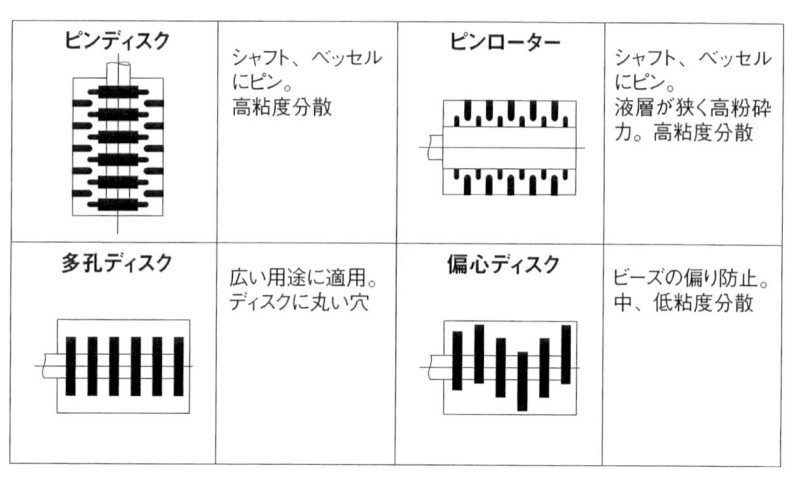

ピンディスク	シャフト、ベッセルにピン。高粘度分散	ピンローター	シャフト、ベッセルにピン。液層が狭く高粉砕力。高粘度分散
多孔ディスク	広い用途に適用。ディスクに丸い穴	偏心ディスク	ビーズの偏り防止。中、低粘度分散

出典：アシザワ・ファインテック（株）・カタログ

図3.11　いくつかのビーズミルの構造の模式図

スターミル®LMZ

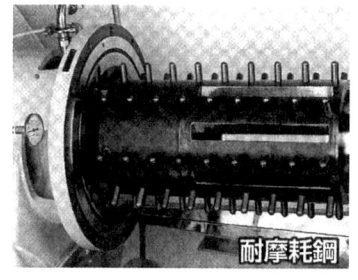

耐摩耗鋼

セラミックス

スパイクミル®

出典：上）アシザワ・ファインテック（株）・カタログ
　　　下）（株）井上製作所・カタログ

図3.12　ローターの例、（上）ピンローター型、（下）アニュラー型

回転させる方式で、分散スペースが小さく粉砕エネルギーを集中させることで大きい粉砕、衝撃力がかかりミルベースの攪拌が良好な方式です。一例としてスパイクミル®と呼ばれる分散機のローターの写真[5]を図3.12に併記します。

　分散機メーカー各社ではさまざまな方法で以下の課題を解決するため、それぞれに特徴のあるビーズ型分散機を開発しています。
①ビーズやミルベースが乱流になるように設計すること
②分散機内の分散に用いる容積を厚み方向で小さくし、均一に力がかかるようにしてすり抜ける顔料凝集体を少なくし分散効率を向上すること
③より高粘度分散体に対応すること

　こうしたビーズミルではビーズの選択は大変重要です。また、ナノ粒子のような微細粒子の分散でもビーズの選択は重要です。ビーズ径の選択は顔料の初期最大粒子径の10～20倍のビーズを用い、到達粒子径はビーズ径の約1/1000が目安になります[6]。微細な顔料分散のためには単位時間当たりの衝突回数が大きい微小ビーズの使用が有効です。しかし、ビーズの質量はビーズ径の3乗に比例するので、微小ビーズになるほど破砕力は小さくなります。これをカバーするにはビーズの密度を上げ、ローターの周速を上げることが有効です。

　図3.13[6]に二酸化チタンをビーズミルで分散した場合の到達粒子径に及ぼすビーズ径の影響を示します。ビーズ径が小さいほど二酸化チタンの粒子径（D_{50}）が小さくなることがわかります。

　ビーズミルではビーズとミルベースを分離する方式も重要です。このセパレーターには網を用いるスクリーン方式と、スリットで分

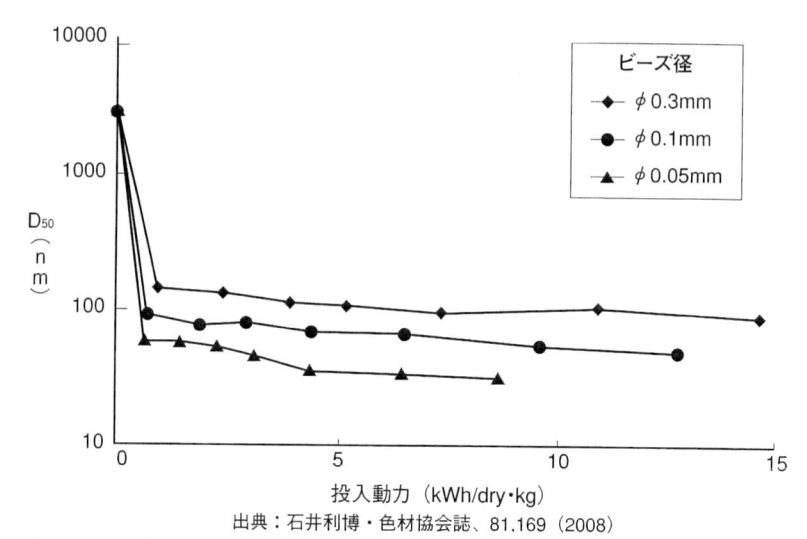

出典:石井利博・色材協会誌、81.169（2008）

図3.13 二酸化チタンをビーズミルで分散したときの分散体の粒子径に及ぼすビーズ径の影響

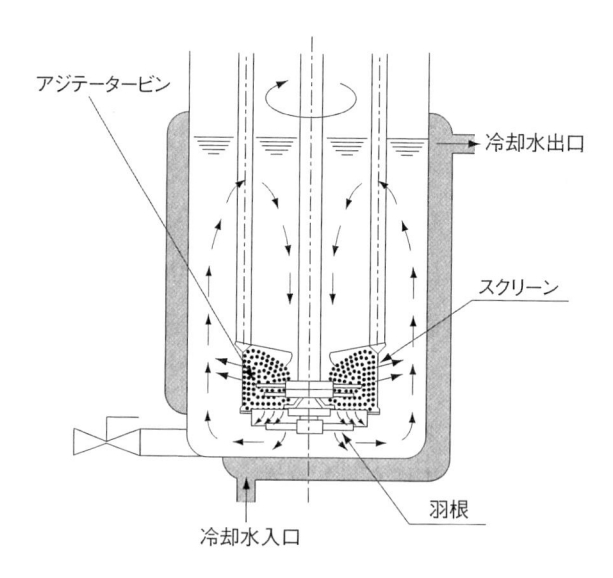

出典：浅田鉄工(株)・カタログ

図3.14 バスケットミル

離するギャップ方式、遠心分離スクリーン方式があります。ギャップ方式はローターと固定環の間隔をビーズ径の1/3程度に設定して分離する方式です。現在はセパレーターの改良により、ビーズ充填量の増大、より小さなビーズの使用が可能になっています。

ビーズミルにはこのほかに例えばバスケットミル®と呼ばれる分散機があります。これは図3.14[7]に示すようにビーズを詰めた籠状の分散機を分散液中に浸漬し、分散液を対流、循環させながら分散する方式で多品種少量生産に適しています。

3.2.5　3本ロールミルで強力分散する

3本ロールミルは数10～100Pa・sの高粘度分散体の分散に適した分散機で、オフセット、スクリーンインキなどのペーストインキの分散などに広く使われています。3本ロールミルは**図3.15**[3]に示すように円筒形のロールを3本並列に並べた分散機で、ロールの回転

図中ラベル：せき板、ミルベース、供給ロール、中央ロール、エプロンロール、スクレーパー

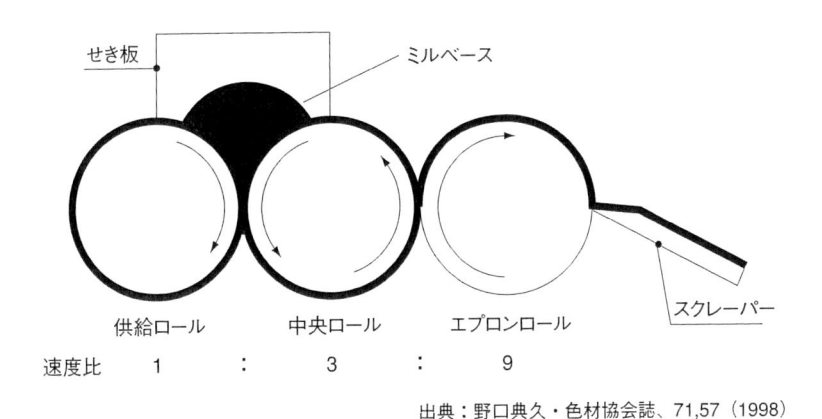

速度比　　1　:　3　:　9

出典：野口典久・色材協会誌、71,57（1998）

図3.15　3本ロールミル

速度と間隔を調整して高粘度分散体の顔料粗粒子を解砕・混練するものです。この方法は熟練した技能者が作業する必要があり、生産性が高いとは言えない方法ですが、ビーズミルではできない高粘度分散体を強力に分散することができます。

　分散しようとするミルベースは供給ロールと中央ロールの間に置かれ、両端はせき板で溢れるのを止めます。図3.16[2]に示すように、ミルベースにはロールの回転によって下向きに引き込まれる力が働きますが、ロール間隔（ニップと呼ぶ）が狭いため、大半はニップ部で圧力を受け、すりつぶす力を受けて元に戻ります。ニップを通過したミルベースは引きちぎられる力を受けてキャビテーションが発生します。中央ロールとエプロンロール間でも同様の力が働き、

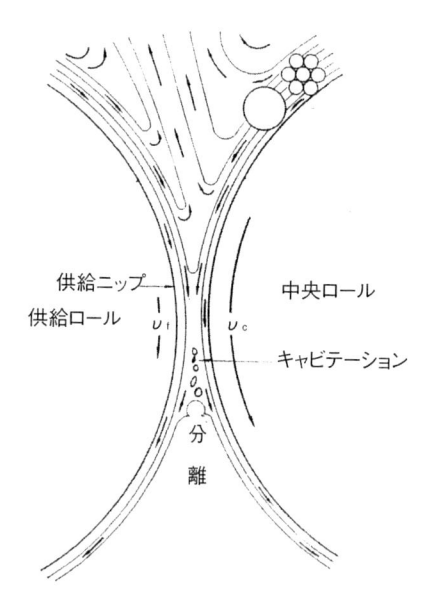

出典：T.C.Patton・塗料の流動と顔料分散、p235（1971）共立出版

図3.16　ニップ部のミルベースの流れ

エプロンロールに設けられたスクレーパー（ナイフエッジを持つ板）でかきとられて分散物は取り出されます。

　供給ロール、中央ロール、エプロンロールの回転速度比は分散体の移行率と分散度に大きく影響します。各々の速度比は代表的には1対3対9のように設定されています。この速度の違いが分散効率を上げます。

　ミルベースがロール間で分割される量は、もし2本のロールの周速が同じであれば50対50に分割されます。移行率がロールの速度に比例するとすると、中央ロール／供給ロール速度比＝1、2、3、4の場合の、中央ロール／供給ロール分割比は計算上では各々、0.5／0.5、0.67／0.33、0.75／0.25、0.8／0.2になります。なお、ロールの回転数はエプロンロールの回転数で示され、450、220rpmなど用途に応じて使い分けられています。

　移行量はニップ間隔を調整することで調整しますが、ニップ間隔の大小は分散度と生産速度を支配します。ロールはロールを締め付けたときに均一なニップ間隔になるよう、クラウニングといってロール両端から円筒の中央部に向かって径が大きくなるように設計されています。

　3本ロールミルは開放系の分散機なので、溶剤を多量に含むような系では溶剤蒸発の問題があります。ロールは内部に冷却水を通し発熱を抑えたり、ロール内部に加熱装置を設けた熱ロールもあります。金属汚染を防ぐためにセラミック製のロールも市販されています。

3.2.6 予備混合に用いるディゾルバー

中・低粘度用の分散体の混合、攪拌、分散を行う簡便な装置にディゾルバーがあります。これは高速インペラーミキサー、ディスパー、あるいはディスパーザーとも呼ばれています。

図3.17に示すように回転シャフトの先端にのこぎり刃状の突起を持つ円板（インペラー羽根）を取り付け、これを回転させることで混合、分散を行うものです。このディスクのサイズに対して適切な分散液の量は図の通りです。本来は各成分の混合や樹脂の溶解、あるいは予備分散に用いるものですが、製品によってはディゾルバーによる混合だけで十分な場合があり、多くの用途で用いられています。

ディゾルバーのインペラーの直径は100〜500mm程度で、これを回転数1000〜1500rpm程度で運転します。顔料の大きな塊りをほぐ

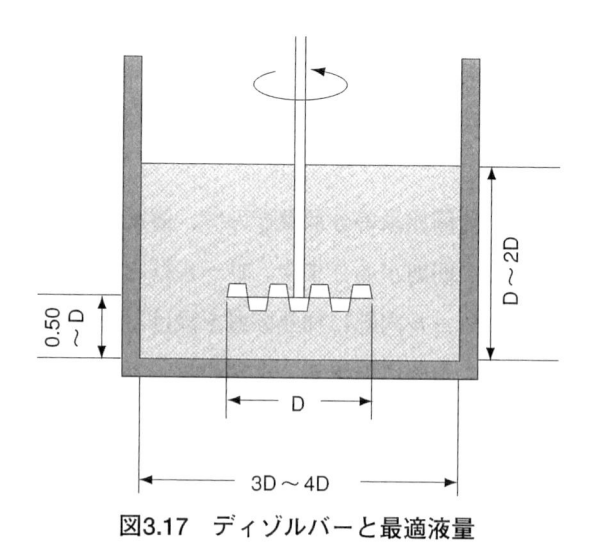

図3.17　ディゾルバーと最適液量

す必要があるような予備混合ではより低速で撹拌し、顔料分散を目的とする場合は高速撹拌します。高速撹拌した場合も液の流れが層流で、インペラー羽根のある中央部から容器に向かって液がドーナツ状に盛り上がり、飛散しない状態で運転します。

　分散液は十分循環する範囲で高粘度であることが顔料分散には有効です。流動特性としてはニュートン流動、あるいはダイラタンシーが好ましく[2]、擬塑性流動やチキソトロピーではインペラー羽根周辺のみが流動し、タンク周辺部が流動しないことがあるので注意が必要です（流動特性については6.1.3参照）。

3.2.7　超高粘度品の分散に使うニーダー

　プラスチックやゴムのような超高粘度物に顔料、添加物などを混練、捏和（ニーディング、粉体などを液体でぬらす操作）する装置であるニーダーには横型回分式装置と縦型装置があります。横型には双腕型捏和機、およびバンバリーミキサーがあります。双腕型捏和機は2つの半円柱形の容器内で2軸の混合翼によって撹拌、混合する装置で、図3.18[5、8]のようにタンジェンシャル方式とオーバーラップ方式があります。混合翼（ブレード）はいろいろな形状のものがありますが、ひねりがつけられ、互いに逆方向に回転することで混練を促進します。バンバリーミキサーは密閉系、加圧下で顔料分散できる双腕型捏和装置であり、槽、混合翼との接触面積が大きく、ゴムや塩化ビニル樹脂の混練などに用いられます[9]。

　こうした装置では媒体は高粘度であるため、衝撃力によってではなく、せん断、圧縮、引き伸ばし作用によるせん断力が顔料分散を

捏和機の構造

タンジェンシャル方式

オーバーラップ方式

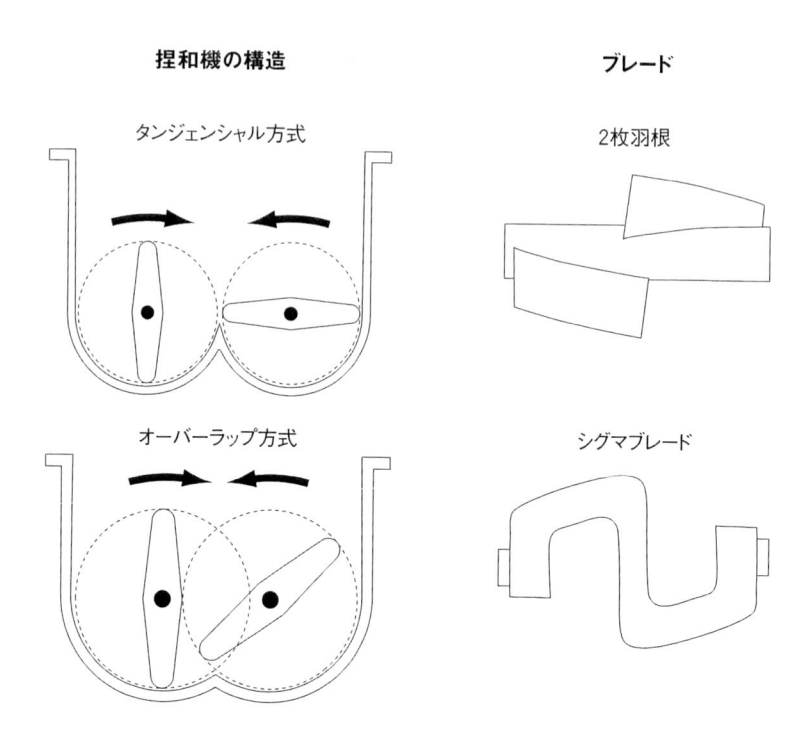

ブレード

2枚羽根

シグマブレード

出典：構造）（株）井上製作所・カタログ、ブレード）（株）モリヤマ・カタログ

図3.18　双腕型捏和機とブレードの例

進めます。

　縦型は操作性やメンテナンス性を向上できる装置で、これもいろいろな攪拌翼の方式がありますが、混合、分散効率の良い方式に攪拌羽根が遊星運動をするタイプの装置があり、羽根は容器内で自転しながら公転するよう設計されています。

　捏和装置にはこれ以外に押出し機型の装置があります。

①スクリュー押出し機

　いわゆるプラスチックの押出し機で、円筒内のスクリューの回転によって樹脂、顔料等を押出しながら、せん断、圧縮、引き延ばし

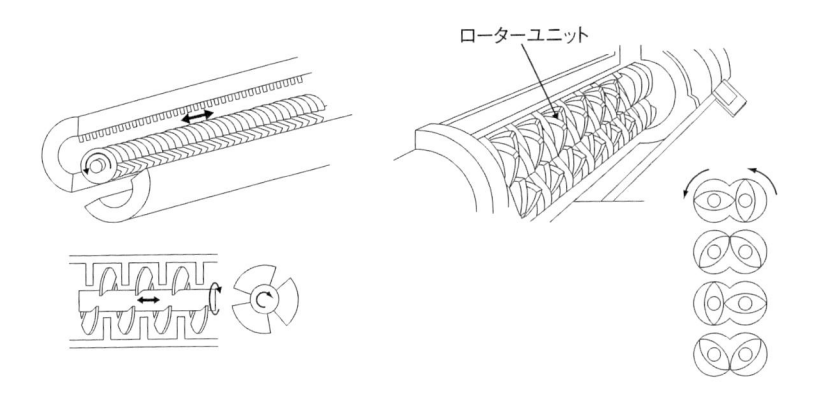

出典：上ノ山周・色材協会誌、77,517（2004）

図3.19　コニーダー（左）とエクストルーダー（右）

の力をかけて混練、顔料分散を行う装置です。温度上昇により粘度が低下するプラスチック製品などの顔料分散に適しています。こうした押出し機には2軸のもの、円筒が円錐状のもの、回転軸にピンを持つものなどさまざまな形式のものがあります。

②コニーダー

押出し機と基本的な形は似ていますが、スクリューには切れ目があり、また回転軸は回転しながら前後に動く構造になっており、円筒槽にピンが固定されているなど、せん断、圧縮作用と折りたたみ作用によってより強力に分散性を上げる設計がなされています。

③エクストルーダー

円筒を2つ割りにしてつないだ内部に、回転ユニットの角度を変えて固定した2つの回転軸を設置した装置です。低粘度から10^6Pa・sという半固体の混練に用いられます。

図3.19[9)]にコニーダーとエクストルーダーの例を示します。

3-3 分散度を評価する

3.3.1 分散速度と分散度

　顔料分散が十分になされたかどうかを知るための分散性の評価には、次の3点が含まれます。
①分散速度：分散しやすいかどうかを評価する
②分散度：どの程度分散しているかを評価する
③分散の安定性：分散体が安定かどうかを評価する
　実際の評価に当たっては粒度あるいは粒度分布を見るのが、最も基本的な方法です。粒子の分散状態は光学顕微鏡や電子顕微鏡による観察、あるいは実用的にはつぶゲージを用います。光散乱法やコールターカウンター法などによる粒度分布の測定も行われます。
　また、顔料粒子径の低下と共に着色力は大きくなるので、着色力は分散性を評価する良い尺度になります。そのほか、光沢、粘度などの実用特性と分散度の関係をあらかじめ把握しておけば、これらの実用特性を測ることで分散度を推測できます。
　分散体が安定かどうかも大切です。分散体によっては色別れ、浮き、沈降が生じます。沈降は長期的にはやむを得ない現象ですが強固な沈降物にならない工夫が必要です。

3.3.2 粒度分布を測る

　分散の程度を調べる最も直接的な方法は、光学顕微鏡や電子顕微鏡で分散状態を直接観察する方法、あるいは粒度分布を測る方法で

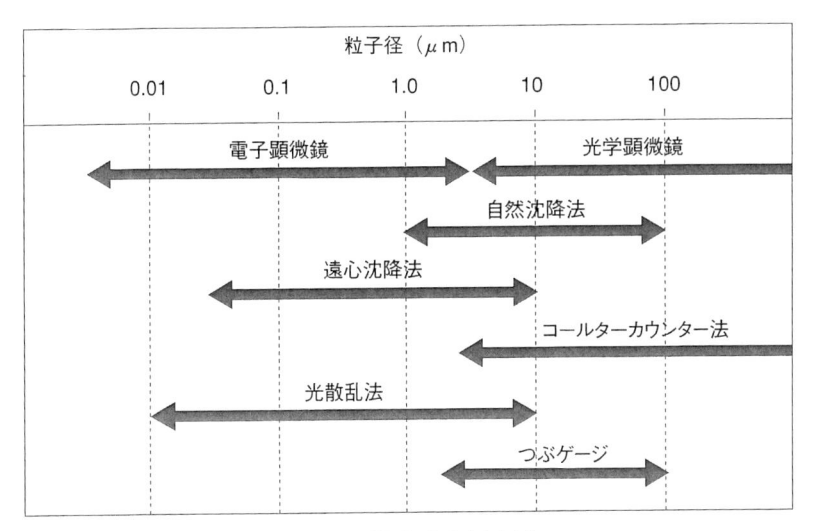

図3.20 粒度分布測定法

す。透過型電子顕微鏡では分散した顔料粒子の分散状態を直接観察することができますが、画像解析装置と組み合わせることによって粒度分布を求めることができます。

粒度分布の測定には図3.20に示すようにいくつかの方法がありますが、代表的な方法を以下に述べます。

①自然沈降法

粒子の沈降速度は粒子径の2乗に比例するというストークス (Stokes) の法則に基づいて、セル中の粒子分散液の沈降を光透過から測定するものです。沈降速度vと粒子径rの関係は、次の式で表されます。

$$v = 2r^2(\rho_p - \rho_l)g/9\eta \tag{3.1}$$

ここで、ρ_p、ρ_l：それぞれ粒子、媒体の密度、g：重力定数、η：媒体の粘度です。

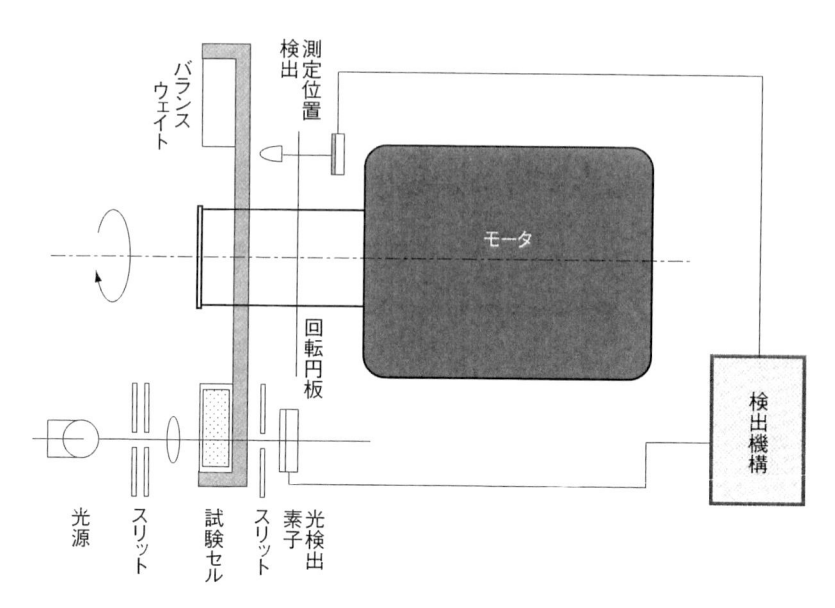

図3.21 遠心沈降法

②遠心沈降法

　図3.21に示すように試験セルに試料を入れて、遠心力を加え、沈降を促進させ、沈降の度合を光の透過量で調べる装置です。(3.1)式のgを遠心力$\omega^2 x$に置き換えることでvとrの関係が得られます。

$$v = 2r^2(\rho_p - \rho_l)\omega^2 x / 9\eta \tag{3.2}$$

　ここで、ω：角速度、x：回転中心から粒子までの距離です。

③コールターカウンター法

　細孔を持つ隔壁の両側に試料を入れ、電気伝導度を測定します。このとき粒子が細孔を通過すると粒子の大きさによって電気抵抗が変化するので、このパルス状の変化から粒度分布を求める方法です。

④つぶゲージ

　実用上最も簡便な方法がつぶゲージを用いる方法です。つぶゲー

判定値（つぶの場合）

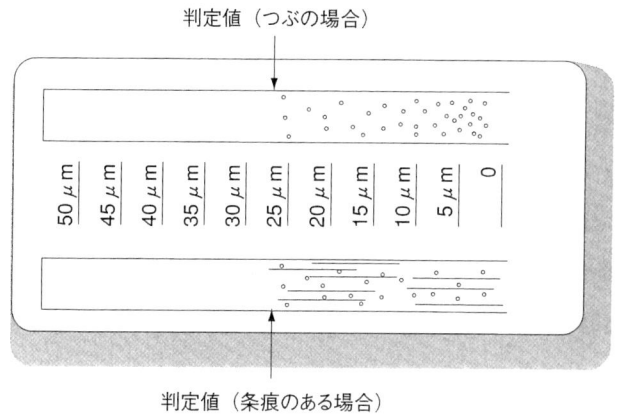

50μm 45μm 40μm 35μm 30μm 25μm 20μm 15μm 10μm 5μm 0

判定値（条痕のある場合）

図3.22　つぶゲージ

ジは図3.22に示すように、平板に深さが連続して異なる溝を設けたゲージです。

　塗料やインキなどの分散体をつぶゲージの最も深い箇所に乗せ、スクレーパーを溝に沿って引いたときに生じるつぶや条痕から、分散体中の粗大粒子の存在を判定するもので粘度分布を測定するものではありません。判定に個人差が出ないよう評価基準を設けると再現性も良く、簡便で製造の品質管理に適するため幅広く使用されています。JIS K 5600-2-5には溝の最大深さが100、50、25、15μmの4種のつぶゲージが規定され、また、その読取りの目安についても示されています。

　②、③はいずれもよく用いられる装置ですが、測定時のサンプルの希釈などによって粒度が変化しないよう十分注意する必要があります。

3.3.3　着色力を測る

　顔料粒子径の低下と共に隠ぺい力や着色力は図3.23のように変化します。隠ぺい力は粒子径の低下と共に増大し、光の半波長の粒子径以下で急激に低下します。一方、着色力は実用的に用いられる粒子径の範囲では粒子径の低下と共に増大するので、着色力は分散度の良い判断材料になります。フタロシアニンブルーなどの顔料を用いてサンドグラインダーで分散したものとボールミルで分散したものは、いずれも平均粒子径が同じであれば同じ着色力を示すことが報告されています[10]。

　顔料に可視光（私たちが見ることのできる光、波長は約360～800nm）が当たると一部は反射し、一部は吸収します。この反射、吸収の波長は顔料の色に依存しますが、酸化チタンではほとんどの波長領域で反射し、カーボンブラックではほとんど吸収します。波長ごとに反射率を測定するいわゆる分光反射率曲線を色顔料別に示

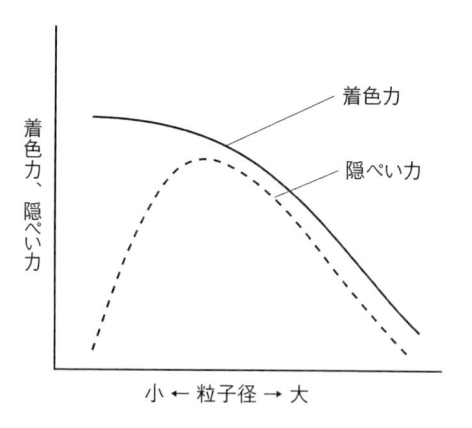

図3.23　粒子径と着色力、隠ぺい力

したのが図3.24です。青は短波長に反射率のピークがあります。緑は中波長域にピークがあり、赤は最も長波長側に大きい反射が見られます。

ところでクベルカ・ムンク（Kubelka-Munk）理論では、顔料を含む膜の光の吸収係数Kと散乱係数Sの比が着色力（K／S）であることが知られています。このKとS各々を求めるのは煩雑ですが、幸いK／Sは反射率曲線から次式で容易に求めることができます。すなわち反射率R_∞さえわかれば着色力が求められます[11]。

$$K/S = (1-R_\infty)^2/2R_\infty \qquad (3.3)$$

なお、反射率を測定するに当たって、下地の色の影響を受けない膜厚が必要なので、これを無限大の厚さにおける反射率としてR_∞。

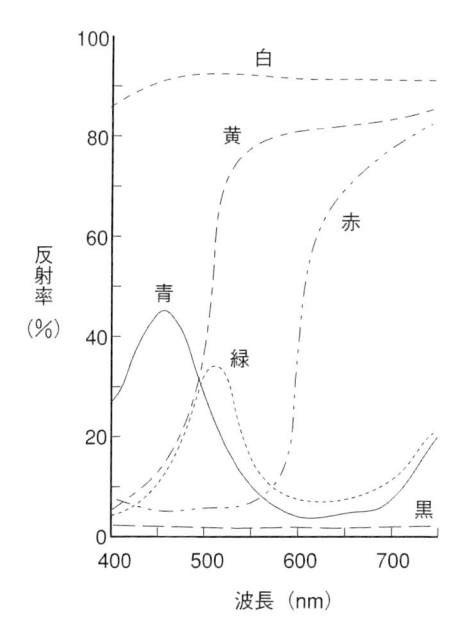

図3.24　各色の分光反射率曲線

と表記します。実際には白黒隠ぺい紙の上で同じ反射率になる膜厚になるよう塗布したサンプルを用います。

例えば、フタロシアニンブルーの着色力を知りたい場合は、あらかじめ標準試料として分散しておいた酸化チタンを用い、顔料比でフタロシアニンブルー／酸化チタン比＝5／95のように混合し、その乾燥膜の反射率から着色力を求めることで分散の程度を判定します。

このような評価方法を用いて、分散時間による着色力の変化を求めれば分散速度、あるいは分散のしやすさがわかります。バッチ型のサンドグラインダーを用いて分散のエネルギーと着色力の関係を検討した報告では、90％の着色力を得るために、酸化チタンは少ないエネルギーで容易に分散するのに対し、キナクリドン、フタロシアニンブルーなどの有機顔料は多くのエネルギーを必要とすることが報告されています[12]。

3.3.4 分散で変化する性質を測る

着色力、光沢、粘度などと共に顔料の凝集状態や色わかれなどの現象も分散の程度によって変化し、これら諸性質も分散状態を知る実用的評価法になります。

（1）光　沢

分散が進むに従って、分散体を塗布した膜の光沢は上昇します。顔料による膜表面の細かい突起が光沢を減少させる原因ですが、分散が向上すると光沢が増加します。

(2) 粘　度

　分散体の粘度は分散状態によってさまざまに変化します。一般論で言いますと、分散体が構造粘性（第6章参照）を持つ場合は分散が進むと粘度は低下しますが、構造粘性を持たない場合は（同じ濃度では）顔料の粒子径が小さくなるほど粘度は高くなります。

　このように分散度と粘度の関係は一概に規定はできませんが、あらかじめ両者の関係を把握しておけば、分散度の管理に役立てることができます。

(3) ラビング試験

　2種類以上の顔料を含む場合のフロキュレーションの有無を知る方法です。分散体をガラス板に塗布し、半乾きの時点で指先でこすります。

　図3.25のように凝集体がある場合にはその部分の色が他の部分の色より濃くなり、色の違いが出ます。

分散良好
指でこすった部分の変色なし

凝集体あり
こすった部分の色が濃くなる

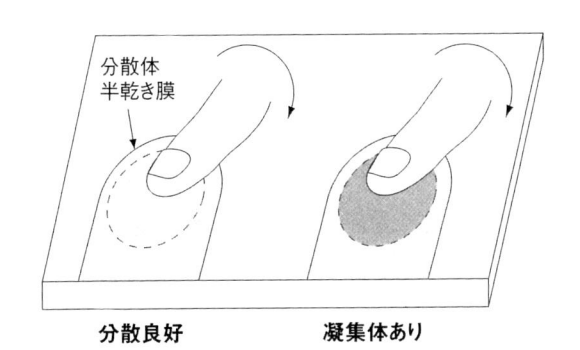

図3.25　ラビング試験

色わかれ　　　　　　　　　　浮き

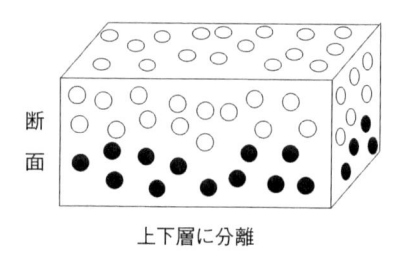

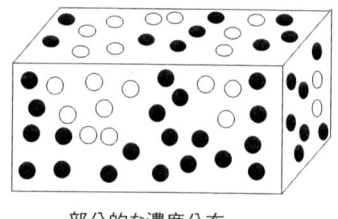

断面

上下層に分離　　　　　　　部分的な濃度分布

図3.26　色わかれと浮き

（4）色わかれ、浮き

　やはり2種類以上の顔料を含む分散体の分散が不十分だと色わかれや浮きが出る場合があります。色わかれは塗料などを塗布したとき、膜の厚さ方向で上下層の色が異なる現象です。浮きは塗膜表面の色が斑点状や筋状になる現象です（**図3.26**）。

　浮きは多量の溶剤を含む塗料膜内部の対流によってつくられる亀甲紋状の流動パタン（これをベナード・セルという）の形成によって促進される場合があります。

3.3.5　分散安定性を評価する

　ブラウン運動するコロイド粒子ほど小さな粒子でない限り、液体中の固体粒子は基本的に沈降します。沈降速度は（3.1）のストークス式で説明した通り、粒子半径の2乗および粒子と液体の密度差に比例し、液体の粘度に反比例します。例えば酸化チタンの密度は約4.1、タルクは2.6、べんがらは5.0であり、通常の樹脂溶液や溶剤の密度0.9～1程度と比べるとかなり大きいことがわかります。ま

た大粒子は極めて沈降が早いことになります。

　このように顔料がいずれ沈降することはやむを得ませんが、できるだけ沈降を抑え、沈降しても固く凝固しないようにする現実的な対処が求められます。

　顔料を分散した分散体を溶剤で希釈し、試験管に入れて静置することによって、その沈降の速さと沈降状態を見ることができます。どのくらいの時間で沈降したのか、また沈降したものが軟らかい凝集体なのか、硬い凝集体なのかといったことを観察します。硬く沈降し再分散できないものは問題です。

　それでは異種顔料の組合せの沈降安定性はどうでしょうか。図3.27に2種の顔料の場合の模式図を示しますが、この場合、①両顔料が共に安定、②両顔料のいずれかが沈降し、他方は安定、③両顔料が共凝集し軟らかく沈降、④両顔料が硬く沈降、というパターンに分けることができます。例えば白顔料と青顔料の混合物の場合、①では全体が薄い青色、②は上部が青く下部が白いか、あるいはそ

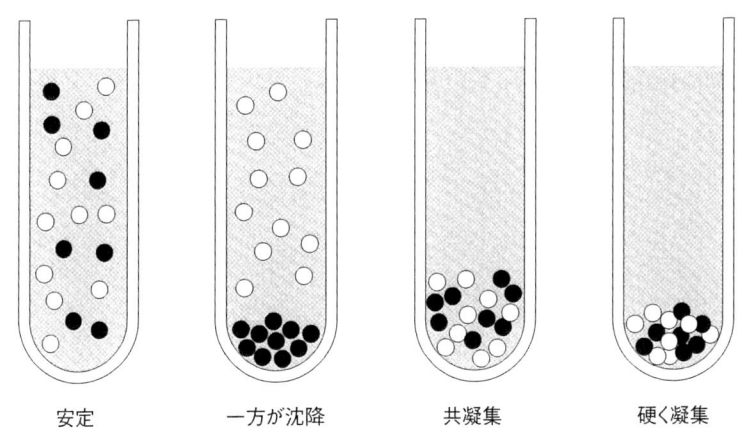

　　　安定　　　　一方が沈降　　　　共凝集　　　　硬く凝集
図3.27　異種顔料混合系の沈降状態

の逆になります。

　2.1.7節で述べたように、粒子の安定化には顔料表面への樹脂の吸着と静電気的反発力が必要です。①、②はA、B粒子が互いに作用せず、③、④は両顔料の表面電荷が正負逆で互いに引き合って凝集するような場合や、樹脂吸着層が立体障害効果を発揮できないような状態で起きる現象と考えられます。

ちょっと一息(3) マンセルの色立体

　われわれ人間が色を感じるのは、光が眼の網膜を刺激することによりますが、われわれが感じる光の波長は大体380～780nmの光で、これを可視光線といいます。可視光線より波長の長い光が赤外線、短い光が紫外線です。太陽光をプリズムで分解したり、虹を見てわかるように光は紫400～450nm、青450～500nm、緑500～570nm、黄570～590nm、橙590～610nm、赤610～700nmのスペクトルに分解されます。赤いリンゴが赤く見えるのは白色光が当たった場合、赤い波長以外の光は吸収され、赤い光が反射するためです。

　それではリンゴの赤さをどのように表示すればよいでしょうか。

　色の表示方法には3刺激値X、Y、Zの測定から色感覚を数量的に示す物理的な表示体系であるCIE（国際照明委員会）表色系があります。また、色合いの違いを色相H（Hue）、明るさ暗さを明度V（Value）、鮮やかさを彩度C（Chroma）で表し、色表示をHV/Cで表すマンセル表色系があります。このほか、オストワルド表色系もあります。

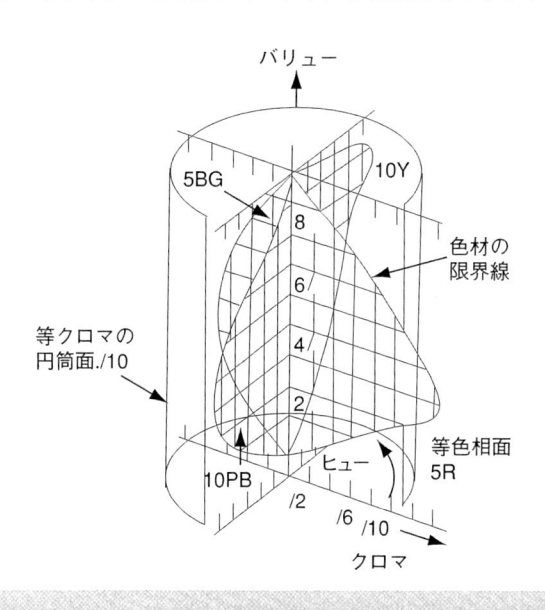

物理的にはCIE表色系が優れていますが、画家であったマンセル（Albert Muncell、1858～1918年）が、色の分類を目的としてつくり出したマンセル表色系は慣用的に広く用いられています。マンセル表色系は図のように円状に赤橙黄緑青藍紫の色相を配置し、中心軸の高さ方向に黒から白までの明度、中心軸から円周方向に彩度の高さを示す色立体で色を分類表示しています。中心軸は明度軸で白・黒の無彩色を表します。

　このようにして、例えばリンゴの赤は7.5R4/14というように表します。7.5Rは色相7.5の赤（R）、明度が4、彩度が14であることを示します。同様に赤いバラの花は6.0R4/13、桜の花は5R9/1、山吹の花は2.5Y8/12、つゆ草の花は7.5PB3/10、若葉の色は7.5GY6/10、紅葉の色は7.5R 5/12、青い海の色は10B5/10という具合に色表示ができます。

さらなる
顔料分散性の向上

4-1 ▶▶▶ 顔料分散剤で吸着・安定性を高める

4.1.1　いろいろな分散性向上の手法

　顔料分散技術は多くの経験の積み重ねと科学的な検討によって進歩してきました。その技術的背景に立って顔料分散性をより向上させるために次のような方法が用いられています。

①フラッシング

　顔料のプレスケーキを水系から油性系に置き換える方法です。

②湿潤剤・顔料分散剤等の利用

　プラスチック分野では顔料を油脂、脂肪酸、ワックス、ロジンなどで処理することは古くから行われてきました。湿潤・分散剤は低分子量の界面活性剤を用いて特に第1ステップのぬれを改良し、安定性を向上させるものです。また高分子合成技術を用いた顔料分散剤は、顔料の表面特性や分散媒特性を考慮して顔料への吸着と安定化が良好なように分子設計をしたものです。

　樹脂や分散剤の顔料への吸着に関して、酸／塩基に基づく考え方が重要であることが知られ、活用されています。また、顔料分散剤の分子構造が媒体中に拡がるテール型の形態になる必要があることも知られています。

　さらに、吸着の困難な非極性有機顔料では顔料そのものの構造に類似する分散剤が開発されています。

③カップリング剤の利用

　シランカップリング剤、チタネートカップリング剤などで顔料表面を処理し、顔料とマトリックス樹脂の接着性を向上させるもので

```
〔分散性向上手法〕        〔分散のステップ〕
  フラッシング
   湿潤剤              ぬれ
  顔料分散剤            解砕
  カップリング剤         吸着
   酸/塩基             安定化
  顔料表面改質
```
図4.1　顔料分散性向上の手法

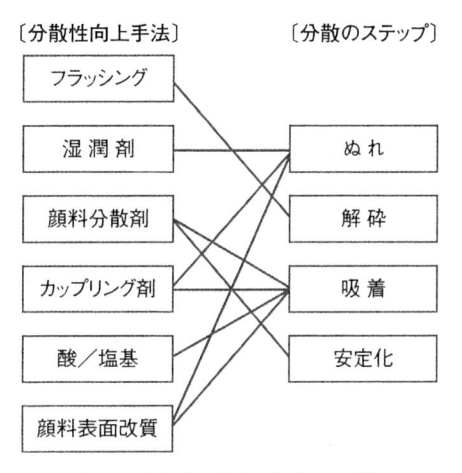

す。
④顔料の表面改質

　プラズマ処理や顔料への樹脂のグラフトなどによって顔料そのものを改質し分散性を向上する方法です。

　顔料分散のステップはぬれ、解砕、吸着と安定化であることは2.1.2節で述べた通りですが、これらの顔料分散性向上手法との関連を**図4.1**に示します。

4.1.2　顔料を直接相転換するフラッシング

　インキの分野ではフラッシング（Flushing）という手法によって顔料分散を効率的に改善しています。

　合成直後の有機顔料は0.05〜0.2μm程度の一次粒子が、3〜6％

程度の濃度で懸濁している状態ですが、フィルタープレスによって濾過、圧縮されて顔料分20〜30%、水分70〜80%のウエットケーキになり、さらに熱風乾燥、粉砕工程を経て袋詰めされます。この乾燥過程で顔料は凝集を起こし、50〜100μm程度の凝集体になります。そこでフィルタープレスから取り出した顔料（フィルターケーキと呼ぶ）を、油性成分と共に直接ニーダーに投入し、混合することによって水分散体から、油分散体に置き換える方法がフラッシングと呼ばれる方法です。

　この方法によって顔料は二次粒子に凝集することなく、一次粒子のまま液層置換するので、透明感と光沢のある分散体が得られます。**図4.2**[1)]にフラッシャーの構造を示しますが、フラッシュで大量に出る水はニーダーを回転させて取り出し、ベースインキに存在する水はニーダーの加熱や減圧で取り除きます。このようにフラッシャ

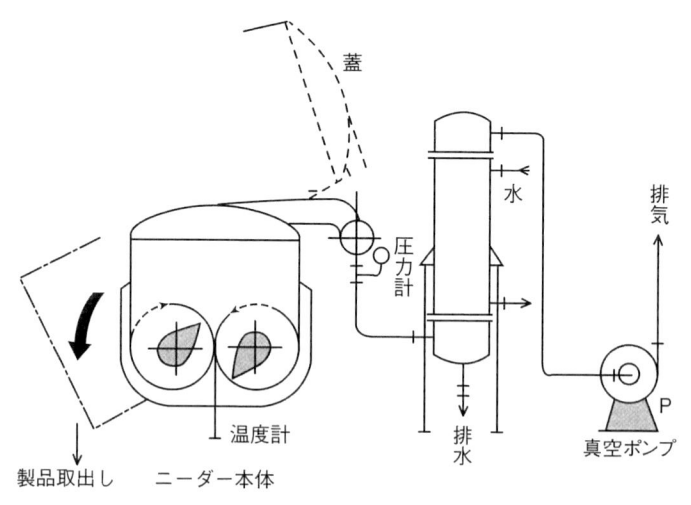

出典：赤根耕治（色材協会編）・色材工学ハンドブック、p1006（1989）朝倉書店

図4.2　フラッシャーの構造

ーによって水分除去と油置換をしますが、残留する少量の水は後工程の3本ロールミルを通して蒸発させます。

　この方法は後工程の顔料分散がいらず、生産の合理化ができ、かつ分散体の品質も良いとても優れた大ロット向きの方法です。また水分除去の際、水に溶解している塩類も一緒に除去されるという利点があります。

　一方、フラッシングでは用いる油性成分によって用途が限定されること、顔料工場とインキ工場が同じ施設内にありフィルターケーキの移送や乾燥の問題がないこと、親水性の無機顔料では置換が難しいことから適用が限定されるなどの問題があります。無機顔料ではフラッシングの際、界面活性剤を用いて置換を促進させますが、用いる活性剤によっては印刷の際ににじみなどの問題を起こすことがあるので選択に注意が必要です。

　ニーダーのバッチ式から、作業上の問題を解決した連続フラッシャーと2軸押出機を連結した形の設備もつくられています[2]。

4.1.3　低分子分散剤を使う

　予備混合時の分散体や、粒子凝集体を解砕していく過程で粒子表面をぬらすことは大切です。こうした目的で界面活性物質が使用されます。界面活性物質は分子中に親油性（疎水性）基と親水性基を持つ化合物で、用途に応じて下記のような化合物があります。

①陰イオン性（アニオン性）化合物

　解離した界面活性剤がアニオンになるカルボン酸塩（R-COONa）、スルホン酸塩（R-SO_3Na）、リン酸エステル（R-OPO_3Na_2）などの化

合物で、対イオンはNa$^+$、K$^+$などが多く、湿潤剤としてよく用いられます。吸着形態は活性剤の極性部が顔料に吸着する場合とそうでない場合などがあり、芳香族スルホン酸系アニオン活性剤をキナクリドンやフタロシアニン顔料に用いると芳香環が顔料に吸着することで分散が改良されます。

②陽イオン性（カチオン性）化合物

解離した界面活性剤がカチオンになる第1級アミン塩（R-NH$_2$・HCl）、第2級アミン塩（R-NH（-CH$_3$）・HCl）、第3級アミン塩（R-N（CH$_3$）$_2$・HCl）、第4級アンモニウム塩（R-N$^+$(CH$_3$)$_2$－CH$_3$・Cl$^-$）などの化合物で、対イオンにはCl$^-$が多く用いられます。カチオン系活性剤はアゾ顔料に効果的で、アミノ基が顔料に吸着することで分散性を向上させます。こうした活性剤を用いる場合は、マトリックス樹脂との相互作用がないかどうか、その影響を考える必要があります。

③両性化合物

分子中にアニオン、カチオンの両方を持つ化合物でアミノ酸、アルキルベタイン（RN$^+$(CH$_3$)$_2$CH$_2$COO$^-$）やスルホベタイン（RN$^+$(CH$_3$)$_2$CH$_2$SO$_3^-$）、レシチンなどがあげられます。

④非イオン性（ノニオン性）化合物

ポリオキシエチレンアルキルエーテル（R-O-(CH$_2$CH$_2$O)$_n$H）やポリオキシエチレングリコールエステル（R-COO-(CH$_2$CH$_2$O)$_n$H）、あるいはソルビトールやソルビタンといったポリヒドロキシ化合物の脂肪酸エステルなどがあげられます。ノニオン性活性剤は適切なHLB（親水性・親油性バランス）の活性剤を選ぶことで顔料、マトリックス樹脂との親和性を向上させる目的で用います。例えば、ポ

リオキシエチレンアルキルエーテルは水系の有機顔料の分散に用いられます。

　表4.1に代表的な低分子量湿潤・分散剤を示します[3]。これらは水に加えたときに表面張力低下能が大きく湿潤剤になるもの、顔料表面に吸着して分散剤になるものです。比較的使用が多いのはアニオ

表4.1　代表的な低分子量湿潤・分散剤

分類	種類名・一般式	界面活性剤分子の例
アニオン系	脂肪酸塩（石けん） R-COONa	$C_{11}H_{23}COONa$
アニオン系	α-スルホ脂肪酸エステル塩（MES） $RCH(SO_3Na)COOCH_3$	$C_{10}H_{21}-CH(SO_3Na)COOCH_3$
アニオン系	アルキルベンゼンスルホン酸塩（ABS） 直鎖アルキルベンゼンスルホン酸塩（LAS） $R-(C_6H_4)SO_3Na$	$C_{12}H_{25}(C_6H_4)SO_3Na$
アニオン系	アルキル硫酸塩（AS） ［高級アルコール系］ $R-OSO_3Na$	$C_{12}H_{25}-OSO_3Na$
アニオン系	アルキルエーテル硫酸エステル塩（AES） $R-O(CH_2CH_2O)_nSO_3Na$	$C_{12}H_{25}-O(CH_2CH_2O)_3SO_3Na$
アニオン系	アルキル硫酸トリエタノールアミン $R-OSO_3^- \cdot {}^+NH(CH_2CH_2OH)_3$	$C_{12}H_{25}-OSO_3^- \cdot {}^+NH(CH_2CH_2OH)_3$
非イオン系	脂肪酸ジエタノールアミド $R-CON(CH_2CH_2OH)_2$	$C_{11}H_{23}-CON(CH_2CH_2OH)_2$
非イオン系	ポリオキシエチレンアルキルエーテル（AE） ［高級アルコール系］ $R-O(CH_2CH_2O)_nH$	$C_{12}H_{25}-O(CH_2CH_2O)_8H$
非イオン系	ポリオキシエチレンアルキルフェニルエーテル（APE） $R-(C_6H_4)O(CH_2CH_2O)_nH$	$C_9H_{19}-(C_6H_4)O(CH_2CH_2O)_8H$
カチオン系	アルキルトリメチルアンモニウム塩 $R-N^+(CH_3)_3 \cdot Cl^-$	$C_{12}H_{25}-N^+(CH_3)_3 \cdot Cl^-$
カチオン系	ジアルキルジメチルアンモニウムクロリド $R_2-N^+(CH_3)_2 \cdot Cl^-$	$C_{12}H_{25}-N^+(C_8H_{17})(CH_3)_2 \cdot Cl^-$
カチオン系	アルキルピリジニウムクロリド $R-(N^+C_5H_5) \cdot Cl^-$	$C_{12}H_{25}-(N^+C_5H_5) \cdot Cl^-$
両性系	アルキルカルボキシベタイン ［ベタイン系］ $R-N^+(CH_3)_2 \cdot CH_2COO^-$	$C_{12}H_{25}-N^+(CH_3)_2 \cdot CH_2COO^-$

出典：木川仁、篠原明（日本産業洗浄協議会編）・わかりやすい界面活性剤、p34（2003）工業調査会

ン性と非イオン性ですが、いずれにしても粒子表面への配向と吸着が強いこと、周りの媒体との適度な親和性があること、ほかの性能に悪影響を与えないことが必要です。

　プラスチックの着色の分野では顔料をニーダーなどで混練する場合に、ドライカラーという手法が広く用いられています。ドライカラーはステアリン酸Ca、Mgなどの金属石鹸、ポリエチレンワックス、脂肪酸アマイドなどを湿潤・分散剤として顔料に混合し、溶融混練時に顔料表面をぬらし、顔料が樹脂中に分散しやすくするものです。分散剤はマトリックス樹脂と親和性があるものを選び、ヘンシェルミキサーなどで混合する方法を取ります。

4.1.4　顔料をロジン処理する

　ロジン処理も印刷インキを中心に古くから行われてきた樹脂コーティングの手法の一つです。ロジン、すなわち松脂にはその製法によってガムロジン、ウッドロジン、トール油ロジンがあります。主成分はアビエチン酸ですが、ロジンの製法によって含有量が異なり、ガムロジン、ウッドロジンでは48％、トール油ロジンでは44％程度です。その他の成分はデヒドロアビエチン酸、パラストリン酸、ピマル酸、イソピマル酸などアビエチン酸と類似した化合物の混合体です。ロジンはそのまま用いる場合と、酸化防止や融点上昇のため水素添加、不均化、重合して用いる場合があります。これを**図4.3**に示します。

　ロジンは乾式法で処理することも可能ですが、一般的にはアルカリで水溶性にし、顔料の水スラリーに加えた後、難溶性塩や遊離酸

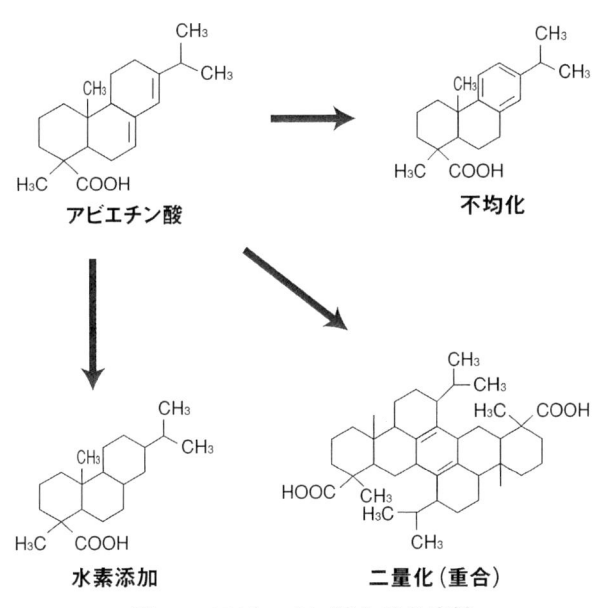

図4.3　アビエチン酸とその変性

を加えて顔料表面に析出させる方法を用います。ロジンの処理量は顔料に対し5〜20%程度です。ロジン量の増加に伴い顔料が均一によく分散され、透明性、着色力が向上しますが、一方であまり処理量が多いと顔料濃度が低下するので着色力の低下をきたします。この方法は、アゾ顔料、特にアゾレーキ顔料に多く用いられています。

4.1.5　樹脂吸着に有効な酸／塩基を活用する

　溶剤型塗料やインキでは多くの場合、バインダー樹脂を用いて顔料分散しますが、その際に酸／塩基の考え方は欠かすことのできない考え方になります。顔料分散を向上するためには樹脂を顔料表面によく吸着させ、吸着した樹脂分子が媒体中に広がって安定化させ

ることが必要です。この吸着を強固なものにする考え方が、酸／塩基の考え方です。顔料表面への樹脂成分の吸着を強固にする力にファンデルワールス力、水素結合力、酸／塩基に基づく力がありますが、中でも酸／塩基に基づく力は強い力として作用します。

　ソーレンセン（Sorensen）[4]は酸性であるビニル樹脂（電子受容体）と塩基性であるポリアミド樹脂（電子供与体）を用いて多くの顔料を分散した結果、顔料は次の4つのタイプに分類できることを示しました。

①酸性顔料：ポリアミド樹脂中でよく分散し、ビニル樹脂中では分散不良になる顔料
②塩基性顔料：ビニル樹脂中でよく分散し、ポリアミド樹脂中では分散不良になる顔料
③両性顔料：両方の樹脂に分散する顔料
④中性顔料：両方の樹脂に分散不良の顔料

　さらに黄、赤、青顔料でそれぞれに酸性、塩基性を示す顔料を用い、これらの顔料が樹脂中で分散するかどうかによって樹脂の酸／塩基性を調べ次のように分類しました。

①酸性樹脂：セルロースエステル（CAB）、塩化ゴム、メチルメタクリレート、マレイン酸樹脂、ケトン樹脂、塩ビ／酢ビ（PVC／PVA）コポリマーなど
②塩基性樹脂：エポキシ樹脂、ポリウレタン、メラミン樹脂、尿素樹脂、ポリアミド樹脂。またここではアルキド樹脂も塩基性樹脂に分類されている
③両性樹脂：ニトロセルロース
④中性樹脂：ポリ塩化ビニリデン、フェノール樹脂

このように酸性顔料には塩基性樹脂を、塩基性顔料には酸性樹脂を用いることで強固な吸着が実現できます。

ソーレンセンの考え方を受けて、その後いろいろな検討がなされています。ソーレンセンの酸／塩基性の評価は定性的でしたが、顔料の酸／塩基の程度を滴定によって実測し、**図4.4**[5]のように報告されています。塩基性度は過塩素酸・メチルイソブチルケトン（MIBK）液と顔料を混合後、上澄みをテトラブチルアンモニウムヒドロキシド（TBAH）で逆滴定することによって、また酸性度はTBAH・MIBK溶液を顔料と混合後、上澄みを過塩素酸で逆滴定することで求めています。この図から多くの顔料は両性の性質を持ち

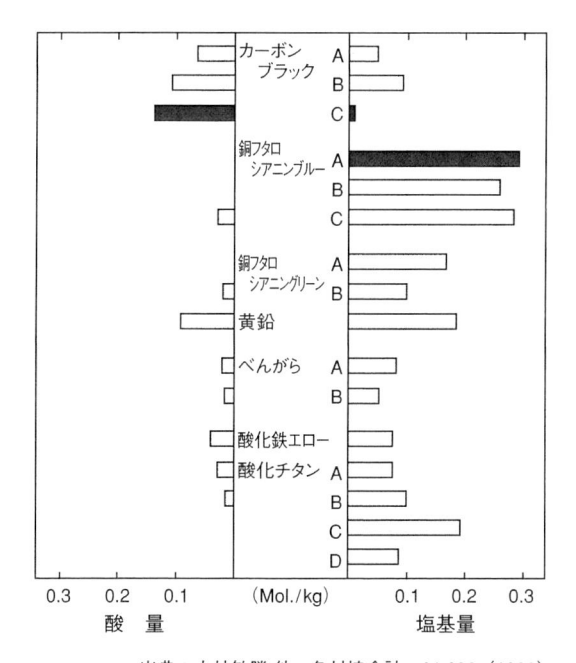

出典：小林敏勝 他・色材協会誌、61,692（1988）

図4.4 顔料の酸／塩基量

ながら、酸性、塩基性いずれかが優位であることがわかります。

4.1.6 高分子分散剤の分子構造を設計する

　顔料分散は通常、マトリックス成分であるバインダー樹脂によって行われますが、より効率的な分散、あるいは難分散顔料のために顔料分散剤が開発されています。分散安定化のためには顔料表面に樹脂が強固に吸着し、なおかつ吸着した樹脂分子が媒体中に拡がって、粒子同士の接近を妨げることが重要であることを繰返し述べてきました。顔料分散剤には顔料表面に強固に吸着するいわゆるアンカー基と、媒体中に拡がって立体障害効果を持つバリアー基が必要です。分子量が数千以上の高分子顔料分散剤では、分子中に複数の吸着基を持たせることができ、多点吸着によって吸着が安定すること、またバリアー基も厚みの確保ができやすいことが分散安定化に寄与します。

　表4.2に代表的な高分子分散剤の例を示します[6]。このほかにポリエチレンイミンやアミノアルキルメタクリレート共重合体のようなカチオン系の分散剤もあります。顔料分散剤は顔料と媒体の両方に親和性を持つことが必要であり、例えば水系で用いるポリスチレンスルホン酸ソーダとポリアクリル酸ソーダでは、前者は疎水性顔料に適しますが親水性顔料には不適で、後者は親水性顔料に適しますが疎水性顔料には適しません。

　顔料分散剤はその分子構造を考える必要があります。アンカー基には前述の酸／塩基の考え方や、有機顔料によっては分子構造が顔料に類似したアンカー基を用いそのファンデルワールス力によって

表4.2 代表的な高分子分散剤

タイプ	化合物名	化学構造例
水系分散剤	ナフタレンスルホン酸塩のホルマリン縮合物	$\left[\begin{array}{c}\text{—CH}_2\text{—naphthalene-SO}_3\text{Na}\end{array}\right]_n$
水系分散剤	ポリスチレンスルホン酸塩	$\left[\text{—CH}_2\text{—CH(C}_6\text{H}_4\text{SO}_3\text{Na)—}\right]_n$
水系分散剤	ポリアクリル酸塩	$\left[\text{—CH}_2\text{—CH(COONa)—}\right]_n$
水系分散剤	ビニル化合物とカルボン酸系単量体との共重合物の塩	$\left[\text{—CH}_2\text{—CH(R)—}\right]_n\left[\text{—CH(COONa)—CH(COONa)—}\right]_m$ R：OCOCH$_3$　短鎖アルキル基
水系分散剤	カルボキシメチルセルロース	(セルロース骨格に O-CH$_2$COONa 置換基)
水系分散剤	ポリビニルアルコール	$\left[\text{—CH}_2\text{—CH(OH)—}\right]_n$
非水系分散剤	ポリアクリル酸部分アルキルエステル	$\left[\text{—CH}_2\text{—CH(COOH)—}\right]_n\left[\text{—CH}_2\text{—CH(COOR)—}\right]_m$ R：長鎖アルキル基
非水系分散剤	ポリアルキレンポリアミン	$\left[\text{—CH}_2\text{—CH}_2\text{—N(R)—}\right]_n$ R：長鎖アルキル基

出典：掘家尚文（伊藤征司郎編）・顔料の事典、p398（2000）朝倉書店

吸着する力を利用することが行われています。バリアー基の構造も重要です。**図4.5**に樹脂、あるいは顔料分散剤の吸着のモデル図を示します。

ジャクバウスカス（Jakubauskas）[7]は分子構造の異なるこのような分散剤を用いた結果、分子が液中に拡がっているテール構造を持つものは分散剤として働きますが、ループ構造で吸着するものは凝集剤として働くことを報告しています。彼は最も分散剤として有用な構造はABブロック型であり、分散体の粘度が低いことを報告しています。

ABブロックの鎖長も重要で、例えばポリエチレンイミンをAブロックに用いた場合、鎖長（分子量）が短すぎると顔料への吸着が

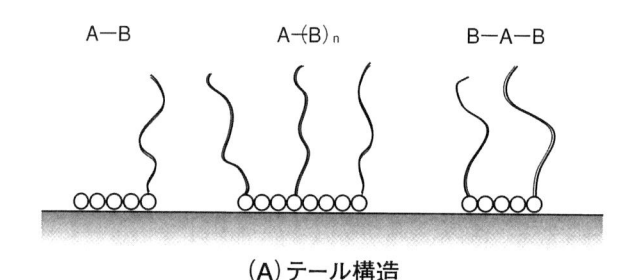

図4.5　ポリマー、顔料分散剤の吸着モデル図

不十分で、長すぎると分散媒の樹脂への親和性が低下します。また、Bブロックにポリカプロラクトンを用いた場合にも分散剤として適切な分子の長さがあることが報告されています。

このように顔料分散剤では分散剤ポリマーの分子構造とその鎖長が重要です。また、現実の問題として、顔料と顔料分散剤のみの高濃度分散体でミルベース組成を組むことは可能であっても、レットダウン時にピグメントショックが起こらないか、注意する必要があります。

4.1.7 顔料誘導体で難分散顔料を分散する

フタロシアニン顔料や多環顔料の中には樹脂の吸着が困難で、難分散顔料と呼ばれるものがあります。こうした顔料に対して有効な方法は顔料骨格にカルボキシル基、スルホン基、3級アミノ基などの極性基を導入した顔料誘導体を用いる方法です。これは顔料と親和性のある構造によって吸着させ、導入した極性基によってマトリックス樹脂や顔料分散剤との親和性を向上させるものです（**図4.6**）。

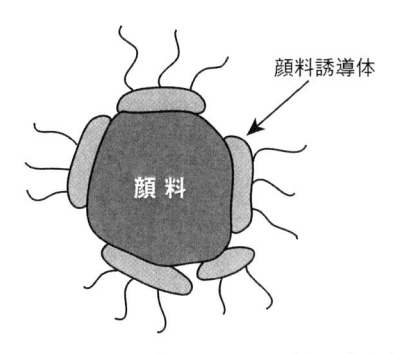

図4.6　顔料誘導体による吸着・安定化

銅フタロシアニン(CuPC)

$CuPC-CH_2-N\begin{smallmatrix}R_1\\R_2\end{smallmatrix}$ 　　$CuPc-SO_3^- \cdot X^+$ 　　$CuPC-(CH_2-\overset{+}{N}\begin{smallmatrix}R_1\\R_2\\R_3\end{smallmatrix}\ X^-)_n$

　　　　　　　　　X；アルカリ土類金属
　　　　　　　　　$R-NH_2$

① 　　　　　② 　　　　　③

キナクリドン(QRN)

$QRN-\left(B-\overset{R_1}{\underset{}{N}}-(CH_2)_m-N\begin{smallmatrix}R_2\\R_3\end{smallmatrix}\right)_n$ 　　$QRN-\left(B-\overset{R_1}{\underset{N=R_2}{\diagup N}}\right)_n$

B；$-CH_2-$　$-SO_2-$　$-CO-$

④ 　　　　　⑤

アントラキノン(AQN)

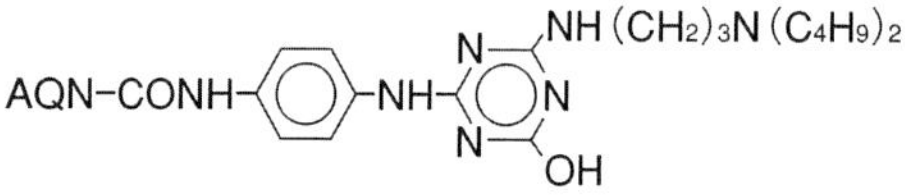

$AQN-CONH-\langle\rangle-NH-\underset{OH}{\overset{NH(CH_2)_3N(C_4H_9)_2}{triazine}}$ 　　$\left(AQN-CONH-\langle\rangle-SO_3^-\right)_3 Al^{+++}$

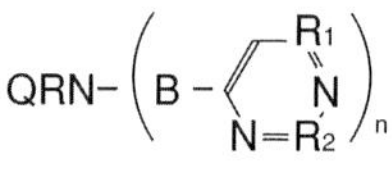

⑥ 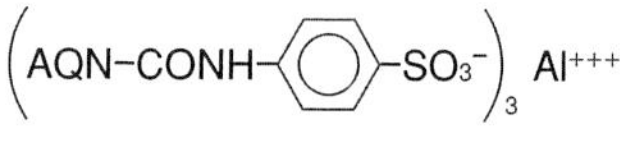 　　　　　⑦

アゾ

$\left[\underset{}{\langle\rangle}\overset{Cl}{\underset{}{}}-N=N-\underset{CONH-\langle\rangle-M}{\overset{COCH_3}{CH}}\right]_2$ 　　$\left[CH_3-\langle\rangle\underset{SO_3^-}{}-N=N-\underset{}{\overset{HO\ CONH-\langle\rangle}{naphthalene}}\right]Ca^{++}/2$

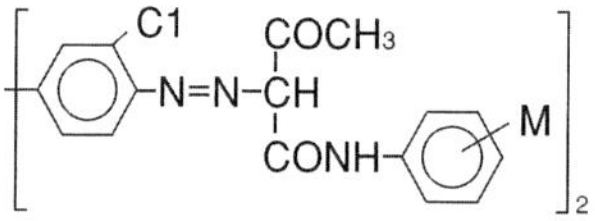

M；$-NHCONH_2, -COOH, -SO_3H, -CONH_2,$
　$-CONH(CH_2)_3N(CH_3)_2$

⑧ 　　　　　⑨

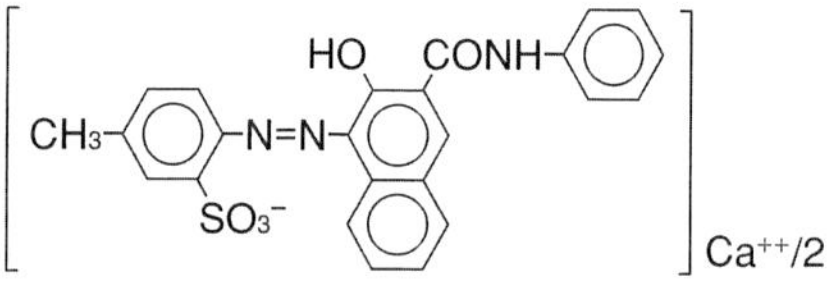

出典：中村幸治・色材協会誌、72,238（1999）

図4.7　顔料誘導体の例

顔料誘導体のいくつかの例を**図4.7**[8]に示します。ジアルキルアミノメチレン銅フタロシアニン（図4.7①）は酸性樹脂に適性があり、広く用いられています。また、アルカリ土類金属塩、あるいはアミン塩銅フタロシアニン（同②）はポリアミド系グラビアインキに良好です。キナクリドン、アントラキノンについても顔料誘導体の例を示します。

　これら化合物は化学構造が類似していて無色であれば、汎用性があるため、誘導体として好ましいことになります。アゾ顔料では（同⑧）の不溶性アゾ顔料（C.I.Pigment Yellow 12）や（同⑨）の溶性アゾ顔料の製造時、一部に末端構造の異なるカップリング材を用いることで誘導体の調製が可能です。こうした方法で印刷インキの透明性や着色力向上が図られています。

4-2 ▶▶▶ カップリング剤で接着力を高める

4.2.1 シランカップリング剤を使う

カップリング剤は無機顔料表面に吸着、化学結合させ顔料と樹脂の接着力を向上させる材料です。最初はFRP（ガラス繊維強化プラスチック）のガラス繊維とポリエステル樹脂の接着性向上のために用いられましたが、現在では塗料、接着剤、シーラント、エラストマー、電気・電子部品材料など多くの分野で顔料／樹脂界面の接着性向上、引張強度の向上に用いられています。カップリング剤にはシランカップリング剤のほか、チタネートカップリング剤、ジルコニウムカップリング剤があります。

シランカップリング剤は、表面に水酸基（－OH）を持つ顔料に

表4.3　主なシランカップリング剤と適用樹脂

有機官能基	化学構造	MW	適用可能な樹脂		
			熱硬化	熱可塑	エラストマー
アミノ	$H_2NC_3H_6Si(OCH_2CH_3)_3$	221.4	Ep、Ph、PI	PU、Ny、PC、PE	BR、NP、NR
エポキシ	$CH_2\text{-}CH\text{-}CH_2\text{-}O\text{-}C_3H_6Si(OCH_3)_3$ (O)	236.3	Ep、Ph、PES、PU	PE、PVC	BR、NP、NR、PB、PIP、PS、SBR
エポキシ	(エポキシシクロヘキシル)$\text{-}C_2H_4Si(OCH_3)_3$	246.4	Ph、PES	PE、PVC	BR
ビニル	$CH_2\text{=}CH\text{-}Si(OCH_3)_3$	148.2	PB、PES	PP	EPDM
メタクリロキシ	$CH_2\text{=}C(CH_3)COOC_3H_6Si(OCH_3)_3$	248.4	PB、PES	PP	EPDM
スルフィド	$S_2(C_3H_6Si(OCH_2CH_3)_3)_2$	474.5			NP、PIP、PS、SBR
メルカプト	$HSC_3H_6Si(OCH_3)_3$	196.2	PU	PVC	EPDM、NP、PIP、PS、SBR

（略号）Ep：エポキシ、Ph：フェノール、PI：ポリイミド、PES：ポリエステル、PB：ポリブタジエン
　　　　PU：ポリウレタン、Ny：ナイロン、PC：ポリカーボネート、PE：ポリエチレン、PVC：塩化ビニル
　　　　PP：ポリプロピレン、BR：ブチルゴム、NP：ネオプレン、NR：ニトリルゴム、PIP：ポリイソプレン
　　　　PS：ポリサルファイド、SBR：スチレンブタジエンゴム

強固に結合してマトリックス樹脂との親和性を向上させる添加剤です。主なシランカップリング剤と適用する樹脂分野を**表4.3**に示します。シランカップリング剤は次の化学構造を持っています。

$$Y-(CH_2)_n-Si(Me)_m-X_{3-m} \tag{4.1}$$

ここで、Y：有機官能基、X：加水分解基、n＝0～3です。加水分解基にはアルコキシ基のほかに、クロル基、アセトキシ基などがあげられますが、通常はメトキシ基かエトキシ基のアルコキシ基が用いられます。有機官能基にはビニル基、エポキシ基、メタクリロキシ基、アミノ基などがあり、アルコキシ基が顔料との反応による結合を、有機基がマトリックス樹脂と親和性や反応性を持つことで接着性を向上するものです。

シランカップリング剤はカップリング剤を無機顔料表面に吸着させ、アルコキシ基（－OR）の加水分解によって得られるシラノール（－SiOH）が自己縮合および顔料表面の水酸基（－OH）と反応することで**図4.8**のような強固な結合が得られます。

$$\equiv Si-OR + H_2O \rightarrow \equiv Si-OH \rightarrow \equiv Si-O-Si \equiv (自己縮合)$$
$$\downarrow +HO-顔料$$
$$\equiv Si-O-顔料 + H_2O \tag{4.2}$$

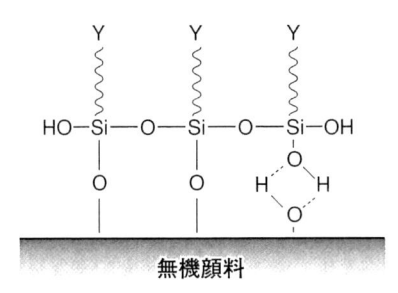

図4.8　無機顔料表面へのシランカップリング剤の結合

アルコキシ基の加水分解速度はメトキシ基（-OCH$_3$）の方がエトキシ基（-OC$_2$H$_5$）より大きく、加水分解促進剤としては錫系触媒が一般的です。シランカップリング剤は表面に水酸基を持つガラス、シリカ、アルミナなどには特に大きい効果を発揮し、タルク、クレー、アルミニウム、マイカなどでも添加効果があります。

シランカップリング剤処理には湿式法と乾式法がありますができるだけ均一に顔料に被覆することが必要です。湿式法はシランカップリング剤の希薄溶液に直接、無機顔料を浸漬して処理する方法です。乾式法は高速攪拌している無機顔料中にシランカップリング剤（あるいはその希釈液）を加えて処理する方法で、前者の方が均一な処理という点では優れていますが、後者の方が処理が容易です。無機顔料を直接処理ができない場合は、無機顔料と樹脂を混合する時点でシランカップリング剤を添加するインテグラルブレンド法や、少量の樹脂にシランカップリング剤を混合してマスターバッチとして混合する方法があります。添加量は顔料によりますが、通常、顔料に対し0.5～1.5%程度です。

4.2.2　チタネートカップリング剤を使う

チタネートカップリング剤はテトラアルコキシチタネートに長鎖アルキル脂肪酸、リン酸、ピロリン酸、アミン誘導体を反応させた物です。

$$X_n - Ti - Y_m \tag{4.3}$$

ここでX：加水分解基、Y：有機基です。**表4.4**[9]にチタネートカップリング剤の種類と用途を示します。

表4.4　チタネートカップリング剤の構造と用途

側鎖の型	加水分解基(X)	有機基(Y)	適用樹脂	適用顔料、フィラー
カルボキシ	RO-	-OCOR	ポリオレフィン	炭酸カルシウム 水酸化アルミニウム 二酸化チタン 硫酸バリウム 酸化マグネシウム 酸化鉄 マイカ シリカ 金属粉フィラー その他
フォスファイト	RO-	-P(OH)(OR)$_2$	エポキシ	
ピロフォスフェイト	RO- -OCO-CH$_2$O- -OCH$_2$-CH$_2$O-	-OPO(OH)-OPO(OR)$_2$	アクリル、塩化ビニル	
アミノ	RO-	-OC$_2$H$_4$NHC$_2$H$_4$NH$_2$	ポリアミド、フェノール	
その他	RO-	-O$_3$S-C$_6$H$_4$-C$_{12}$H$_{25}$		

R：アルキル基またはアルケニル基

出典：岡安寿明・コーティング用添加剤の最新技術、p113(2001)シーエムシー出版

　シランカップリング剤同様、アルコキシチタネート部が顔料表面に配向し、有機基がマトリックス樹脂に拡がる形をとり、界面の接着性向上に寄与します。チタネートカップリング剤はポリオレフィンなどの熱可塑性樹脂やゴムなどの分野で、また磁性粉や導電性粉の分散に使用されることが多い材料です。チタネートカップリング剤は水に不溶なので、処理に当たってはアセトンやアルコールなどの溶剤に溶かして用いることが必要です。

　このほかにジルコニウムカップリング剤があり、顔料表面のH$^+$と反応することで、優れた耐加水分解性のR-O-M（M：素材）結合が生じます[10]。

$$(RO)_m\text{-}Zr\text{-}(O\text{-}X\text{-}R'\text{-}Y)_n \qquad (4.4)$$

ここで (RO)$_m$：H$^+$との反応基、(Zr-O)：触媒作用基、(X-R'-Y)：疎水基です。

4-3 ▶▶▶ 顔料の表面改質で ぬれ・吸着を高める

4.3.1 プラズマ処理で改質する

　一般に各種材料の表面改質法には化学的処理、コロナ放電、光、電子線、プラズマ処理など多くの方法が用いられていますが、顔料そのものの表面改質による分散性の向上の方法の一つにプラズマ処理があります。プラズマ処理は電離した気体を用い処理物質のエッチング、官能基生成、重合等を行う方法です。

　プラズマには低温プラズマ（非平衡プラズマ）と高温プラズマ（平衡プラズマ）がありますが、材料の表面処理に用いるのは低温プラズマです。これは低圧下での放電によって得ることができます。低温プラズマは、短時間（秒単位）で表面のみの処理ができること、多くのガスを選択することで目的に応じた処理ができること、ドライプロセスであることといった長所を持っています。一方で、コストがかかる、処理条件によって処理状態が変わり、反応も複雑で制御しづらい、という短所を持っています。

　プラズマは電離した気体の状態で、電子、イオン、ラジカル、励起分子、原子、光子などの活性種が存在します。プラズマに用いるガスは重合性のガスと非重合性のガスがあります。

①重合性ガス

　有機ガスを用い、素材表面で重合を行うものです。

②非重合性の不活性ガス

　表面処理に用いるガスには化学的に活性なガスと不活性なガスがあります。希ガスであるHe、Ne、Arガスはイオン化されますが、

反応が起こらない不活性ガスで処理物質のスパッタを行います。処理物質がポリマーの場合、共有結合の切断も生じます。

③非重合性の活性ガス

H_2、O_2、N_2、NH_3、H_2O、CO_2、CF_4などの無機ガスが活性ガスとして用いられます。これらのガスを用いることでエッチング、官能基生成、付加が生じます。例えば、O_2プラズマはエッチング効果が大きく、CF_4プラズマはシリコンのエッチングや表面の疎水化に有効であることが知られています。

顔料の改質では顔料とプラズマを均一に接触させることが重要で、かき混ぜながら処理できる装置が必要になります。O_2プラズマはカルボン酸の生成に効果が大きく、カーボンブラック、キナクリドン顔料の親水化に効果があります。また、キナクリドン顔料をNH_3プラズマ処理すると分散性が向上することも報告されています。

4.3.2　樹脂グラフト、カプセル化で改質する

顔料表面の官能基を利用して、樹脂をグラフト化する方法が多く報告されています[11]。
①顔料の存在下でビニルモノマーを重合し、成長ポリマーを顔料表面の官能基で停止する手法
②顔料表面に導入した重合開始基からグラフト鎖を成長させる方法
③顔料の官能基と樹脂の官能基を高分子反応させる方法
　①は顔料表面にグラフトしたものとそうでないものの比率（グラ

フト化率）に問題があります。②の方法ではシリカ表面にペルオキシエステル基などの重合開始基を導入し、ポリスチレンをグラフトした例が報告されています。

また、カーボンブラック表面のフェノール性水酸基やカルボン酸は反応性に富むため、例えば、図4.9[11]のようにさまざまな官能基に変換し、③の高分子反応によってポリマーをグラフトさせることが可能です。アンスラキノンやキナクリドン顔料では表面のアミノ基を活用してペルオキシエステル基を導入し、アクリルポリマーをグラフト化した例も報告されています。このようにしてポリマーをグラフト化した顔料は分散性向上のみならず、さまざまな機能性付与の目的に検討されています。

粒子の微細化や複合化が進む中で、粒子をポリマーでカプセル化することが分散性向上や機能付与のために研究されています。微粉

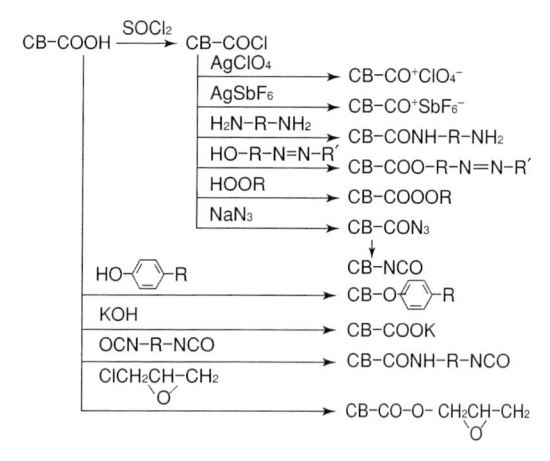

出典：坪川紀夫・日本ゴム協会誌、70,378（1997）

図4.9 カーボンブラック（CB）のカルボン酸を用いた反応性官能基の導入

体のカプセル化には多くの方法が採用されていますが、主たる方法は次の通りです[12]。

①イン・サイチュー（In Situ）重合法：顔料を分散した中に重合開始剤、モノマーを加え、重合反応によって皮膜形成をするもの

②コア・セルベーション法：ポリマー溶液に顔料を分散し、pH、電解質、貧溶媒等によってコア・セルベート滴を生成、ゲル化させる方法

③液中乾燥法：ポリマー溶液に顔料を分散し、エマルションを生成、溶剤を抽出・乾燥させる方法

④スプレー・ドライ法：顔料を分散した溶液を、熱気流中に噴霧・乾燥する方法

⑤メカノケミカル法：顔料と皮膜物質の微粒子を高速気流中衝撃法（ジェットミル）などで衝突・混合しカプセル化する方法

ちょっと一息(4) 色の話・赤と黄

　　あかあかや　あかあかあかやあかあかや
　　あかあかあかや　あかあかの月　　　　　　　　　　明恵上人

という鎌倉時代の歌があります。「アカ」はもともと日が明ける状態を「明し」と言ったところからきた言葉で、この歌は赤を言い得ています。

　色の中で赤は人類にとって特別な色のように思われます。それは最も目につきやすい色であると共に、太陽、火、血、熱情といったものと結び付く色です。『国旗の世界史』(辻原康夫、河出書房、2003)によると、世界193カ国の国旗に用いられている最も多い色は赤で、150カ国にのぼります。以下、白142、青105、黄／金90カ国と続きます。

　古くから使われてきた赤顔料にはべんがら、代(岱)赭、真朱、鉛丹などがあります。べんがら、代赭はいずれも酸化鉄で前者はベンガル地方で、後者は中国山西省、岱県産のものが品質が良くこう呼ばれるようになりました。真朱は丹砂、辰砂、真珠などさまざまな呼び方がありますが硫化水銀の鮮やかな赤で、中国湖南省、辰州産のものが品質が良く辰砂と呼ばれています。

　黄色の無機顔料では黄鉛(クロム酸鉛)が鮮やかな色調を持ちますが、古くは黄土(オーカー)、酸化鉄黄が用いられてきました。また、雌黄、雄黄と呼ばれる黄色と、赤味の黄色の硫化砒素を主成分とする顔料も知られています。

　中国の前漢時代に成立した五行思想では、この世の基本的な構成要素である五行、すなわち木、火、土、金、水に対し5色として各々、青、赤、黄、白、黒が関連づけられ、木と火の陽、金と水の陰に対し土は中間の性格を持つとされます。黄色は大地の色です。

　私は黄色というとゴッホの「農夫のいる麦畑」の絵を思い出します。ゴッホの「カラスのいる麦畑」は暗さを感じさせる圧倒的な絵ですが、この絵は黄色い光に埋め尽くされたような絵です。

ポリマー微粒子について

5-1 ▶▶▶ ポリマー微粒子の製法と特徴

5.1.1　いろいろなポリマー微粒子分散体

　今まで顔料とその分散について述べてきましたが、本章ではポリマー微粒子分散体について述べます。ポリマー粒子分散体の代表格であるポリマーエマルション（これをラテックスとも呼ぶ）は、塗料、インキ、シーラント、接着剤などのバインダー樹脂として用いられています。こうしたバインダーとして用いられるポリマーエマルションは乾燥、硬化時に粒子間の融着が起こり、乾燥・硬化後は均一なポリマー融着体、あるいはポリマー膜となり、粒子性を残しません。

　一方、ポリマー合成技術の発展に伴い、現在、粒子にさまざまな機能を付与する機能化が進んでいます。図5.1に機能性ポリマー微粒子の例を示しますが、このような分野では粒子性を保つことが重要で、分散体の挙動は顔料と同じように考える必要があります。開発の方向として形状調整と複合化があり、形状調整では塗料などに用いられるレオロジーコントロール剤（粘性制御剤）や低収縮剤があります。また、単分散粒子は液晶パネルのスペーサーなどに用いられており、異形粒子の開発も盛んです。複合化の中には2層構造のコア・シェル粒子、内包型複合粒子、中空粒子、多孔性粒子、表面担持粒子などがありそれぞれの目的に用いられています。実用化されているポリマー微粒子はFRP用低収縮剤、塗料用レオロジーコントロール剤の使用量が多く、次いで表面にソフトな風合いを与える塗料用機能化剤、化粧品用素材、それ以外にはプラスチック樹脂

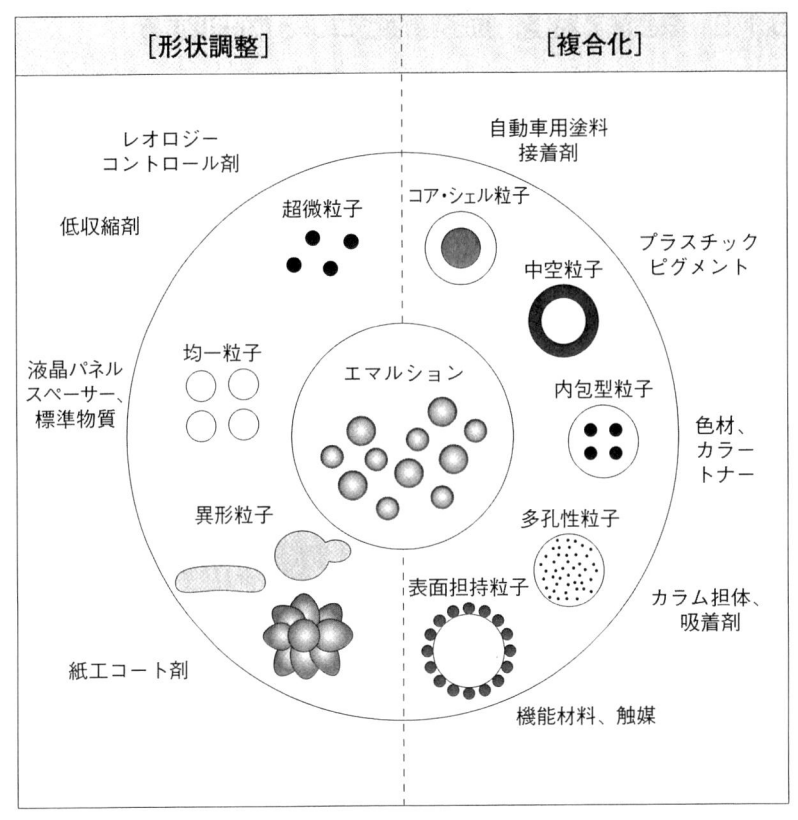

図5.1 機能性ポリマー微粒子の開発と応用

改質剤、トナー用添加剤、プラスチック着色剤、フィルムブロッキング防止剤などに用いられています[1]。また、中空粒子はプラスチックピグメントとして酸化チタンの代替に用いられています。

　ポリマーエマルションは水中に剛体粒子が分散しているものであり、粘度特性などのレオロジー挙動は顔料分散体と共通性があります。また、硬質あるいは軟質ポリマー粒子を充填したポリマーの物性も顔料充填ポリマーとの対比で考えることができます。

5.1.2 重合法で粒径、粒子特性をコントロールする

　ポリマー微粒子を得るには大きく分けて、乳化重合（エマルション重合）に代表されるビニルモノマーの重合過程で粒子形成する方法と、あらかじめ合成した樹脂を水中に強制乳化させる後加工による方法がありますが、ここではまず重合過程で粒子形成する各種重合法について述べます。

　ポリマー微粒子は**図5.2**に示すようにさまざまな重合法で調製され、重合法によって粒子径の範囲が異なります[2]。乳化重合は最も代表的な重合法で、図の懸濁重合、分散重合以外の重合法は乳化重

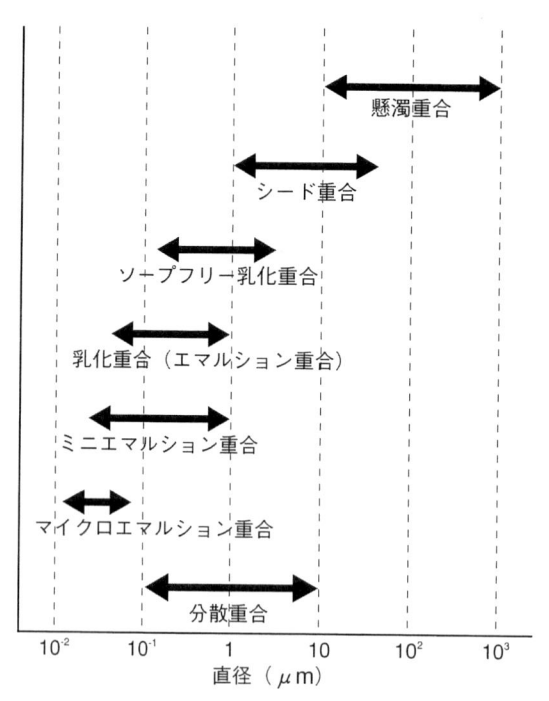

図5.2　重合法とポリマー微粒子のサイズ

合をベースにしたものです。

① 懸濁重合（サスペンション重合）

　水に不溶のモノマーと、モノマーに溶けて水には溶けない開始剤を用い、分散剤の存在下で液滴をつくり重合する方法です。大粒子径の粒子を得ることができ、水溶性の安定剤を洗い流し、乾燥させれば粒子を取り出すことも可能です。粒子径は基本的にモノマー液滴の大きさに依存します。

② 乳化重合（エマルション重合）

　疎水性ビニルモノマー、重合開始剤、界面活性剤を用い、ポリマーエマルションを得る方法です（詳細は5.1.3節参照）。

③ シード重合

　第一段階で調整した微粒子をシード（種）として、それに第2段階のモノマーを吸収させて重合する方法です。この方法を応用して大粒子をつくることもできます。

④ ソープフリー乳化重合

　乳化剤を使わない重合法です。ソープフリーエマルションを得るには、例えば（5.1）式のようなスルホン酸基を持つビニルモノマー（反応性乳化剤）を用いる方法や、（5.2）式のような水溶性モノマー、あるいは保護コロイドを用いる方法があります。

$$CH_2=CHCH_2OCOCH(-CH_2COOR)-SO_3Na \quad (5.1)$$

$$CH_2=CHCO(OCH_2CH_2)_nOR \quad (5.2)$$

　粒子径は乳化重合より大きくなりますが、製品は界面活性剤の影響がありません。

⑤ ミニエマルション重合

　多量の乳化剤や乳化助剤（コスタビライザー）を用い、乳化重合

時のモノマー油滴を超音波や高圧ホモジナイザーによって微細化してその中で重合するものです。高性能の乳化機を用いることでミニエマルションの合成が簡単になります。この方法の長所はモノマーに溶解する有用物質を添加して重合できることです。

⑥マイクロエマルション重合

多量の乳化剤、乳化助剤によって仕込んだモノマーすべてが乳化した状態で重合する方法です。ミニエマルションよりさらに粒径を微細化した合成法です。

⑦分散重合

有機溶媒中で粒子を形成する重合法です。アルコールや炭化水素溶剤に溶解するモノマーと開始剤を用い溶液重合させ、ある程度重合が進むと溶解できず析出し、系中に存在する分散安定剤で粒子を形成する重合法です。

非水ディスパージョン（NAD：Non-aqueous Dispersion）は脂肪族炭化水素溶剤、およびこの溶剤に可溶部分と極性基部分を持つ分散安定剤存在下、極性の高いアクリルモノマーを重合してポリマー粒子を得るものです。安定剤には12－ヒドロキシステアリン酸（12－HSA）縮合体の櫛型ポリマーや、ラウリルメタクリレート共重合体、ブチル化メラミン樹脂などが用いられます[3,4]。粒子成分は基本的に生成したポリマーが溶剤に不溶であるモノマーで、例えばメチルメタクリレートなどが用いられ、有機ペルオキシド、アゾビスイソブチロニトリル（AIBN）などの重合開始剤によってラジカル重合されます。図5.3に一例として12－HSA縮合体の櫛型ポリマーを安定剤に用いた合成例を示します。12－HSA縮合体はグリシジルメタクリレート（GMA）と反応してマクロマーにし、MMAと

```
┌─────────┐  ┌─────┐
│12-HSA   │  │ GMA │
│縮合体   │  │     │
└────┬────┘  └──┬──┘
     └──反応────┘
          ↓
┌──────────────┐  ┌──────────┐
│12-HSAマクロマー│  │MMAなど   │
└──────┬───────┘  │AIBN      │
       │          └────┬─────┘
       └─ラジカル重合──┘
                ↓
┌────────────────┐  ┌──────────────────┐
│安定剤          │  │粒子モノマー      │
│12-HSA櫛型ポリマー│  │MMA、MAAなどAIBN│
└────────┬───────┘  └────────┬─────────┘
         └────ラジカル重合────┘
                    ↓
                ┌──────┐
                │ NAD  │
                └──────┘
```

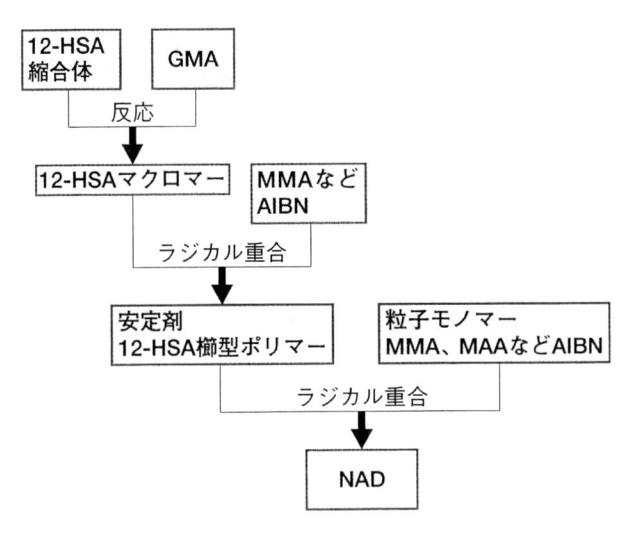

図5.3　12-HSA櫛型ポリマーを安定剤に用いたNAD合成法

共重合して櫛型ポリマーをつくります。この櫛型ポリマー存在下、粒子形成モノマーを滴下してNADを得ます。

　NADは0.1～1μm程度の粒径の粒子が得られ、塗料用バインダー樹脂としてあるいはレオロジー調整剤として用いられています。

5.1.3　最も代表的な乳化重合法

　乳化重合はポリマー微粒子（エマルション）を得る最も代表的な重合法です。ポリマーエマルションは酢酸ビニル系が最初に開発され、その後エチレン・酢酸ビニル、スチレン・ブタジエンゴム、アクリル、塩化ビニル系が開発され、主としてバインダー用途で実用化されています。各種ポリマーエマルションを図5.4に示します。乳化重合は反応性のビニルモノマーを開始剤によるラジカルで重合

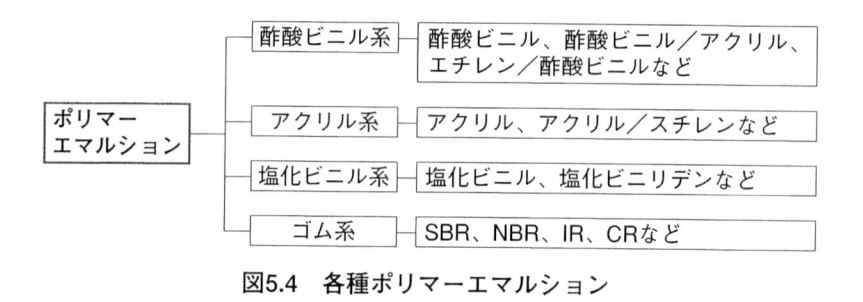

```
                    ┌─ 酢酸ビニル系 ─── 酢酸ビニル、酢酸ビニル/アクリル、
                    │                  エチレン/酢酸ビニルなど
 ポリマー           ├─ アクリル系 ───── アクリル、アクリル/スチレンなど
 エマルション ──────┤
                    ├─ 塩化ビニル系 ─── 塩化ビニル、塩化ビニリデンなど
                    └─ ゴム系 ───────── SBR、NBR、IR、CRなど
```

図5.4　各種ポリマーエマルション

させてポリマーを得るラジカル重合の一つですが、水中で乳化して行う不均一系重合であり、高分子量で直径0.1〜1μm程度の微粒子分散体が得られます。

エマルションを合成する乳化重合では原料としてビニルモノマー、重合開始剤、界面活性剤を水中に加えて重合します。乳化重合に用いるモノマーは基本的に疎水性モノマーが用いられます。アクリルエマルションを例にとると、モノマーとしてアクリル酸エステル（$CH_2=CH-COOR$、$R=C_1〜C_{12}$）、メタクリル酸エステル（$CH_2=C(CH_3)-COOR$）、スチレン（$CH_2=CH-C_6H_5$）、アクリロニトリル（$CH_2=CH-CN$）などと共に必要に応じてカルボン酸含有モノマー、水酸基含有モノマー、スルホン酸含有モノマー、アミド基含有モノマーなどの官能性モノマー、およびジビニル化合物などの架橋性モノマーを用います。

開始剤はモノマーに不溶で水に可溶な過硫酸アンモニウムなどを用います。界面活性剤にはアニオン、カチオン、ノニオン型がありますが、乳化力が強いアルキルスルホン酸ナトリウム、脂肪酸ナトリウムなどのアニオン性活性剤を用いるのが一般的です。乳化剤はより安定性を向上するためにアルキルノニルフェニルエーテルやポ

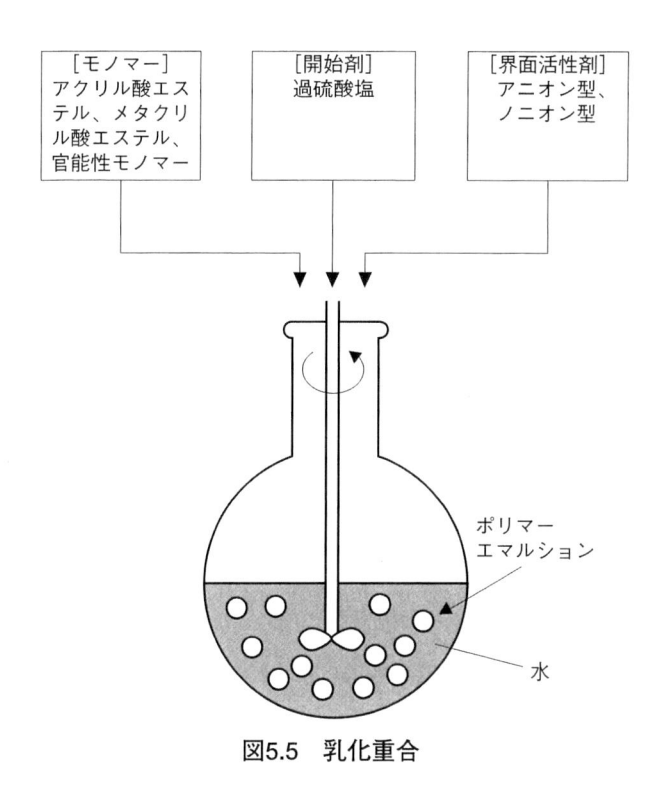

```
[モノマー]            [開始剤]         [界面活性剤]
アクリル酸エス       過硫酸塩         アニオン型、
テル、メタクリ                         ノニオン型
ル酸エステル、
官能性モノマー
```

→ ポリマーエマルション
→ 水

図5.5　乳化重合

リオキシエチレンアルキルエーテル系のノニオン性活性剤を併用することも一般的です。

　乳化重合は水に乳化剤を加えておきモノマーと開始剤を滴下する方法、あるいはモノマー、開始剤をあらかじめ乳化剤で乳化した後、加熱して重合する方法があります（**図5.5**）。粒子の生成はラジカルが乳化剤ミセル中で開始反応を起こしポリマーになる場合と、水中でラジカルがモノマーと反応し、ある程度の分子量（オリゴマーラジカル）になると水に溶解できず乳化剤に覆われて重合が進みポリマーになる場合とがあります。モノマー油滴から粒子が生成するのではありません。

5.1.4 機能性微粒子をつくる

　各種合成法を用い、各種の機能性ポリマー粒子がつくられています。機能性微粒子ではバインダー用ポリマーと異なり、粒子性を保持することが重要になります。以下にいくつかの機能性微粒子について述べます。

①コア・シェル粒子

　あらかじめ1段目の粒子をつくり、それに第2段目のモノマーを加えて2段階重合する方法を用いることによって、コア（芯）・シェル（殻）の2層構造エマルションができます。この2層構造粒子は6.2.3節で述べる自動車塗料用水性ベースコートにも用いられています。これは内部架橋したコアおよびシェルの2層構造で、シェル部がせん断速度によって変形することで塗料のレオロジーを調整しています。

②モルホロジーの異なる粒子

　コア・シェル粒子をつくるときに単純に2段階反応をすればその順番で2層構造になるというわけではありません。通常の条件下では、親水性モノマーほど粒子表面に出てきますので、最初に親水性のシードをつくり、疎水性モノマーを2段目に用いた場合、コアが疎水性、シェルが親水性の逆相コア・シェル粒子になる場合もあります。

　こうした方法で、図5.6に示すようなモルホロジーの異なるさまざまな粒子が機能性粒子としてつくられています。さまざまな異形粒子はコアとシェル部の親水性の差、粒子内の粘度、Tg、架橋などの影響で生じることが知られています。

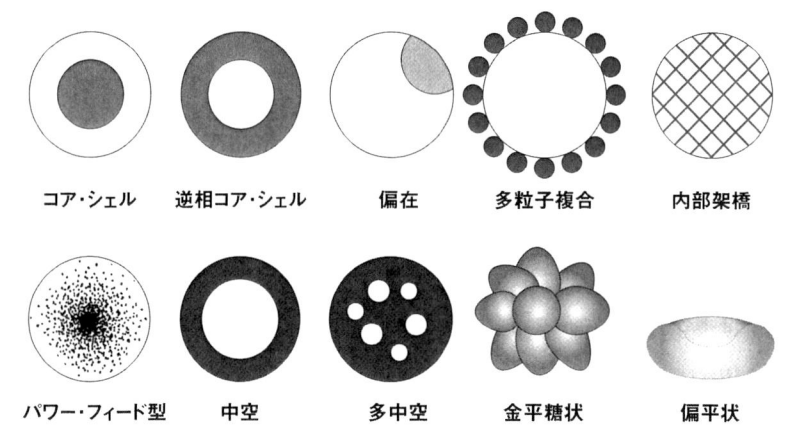

図5.6　いくつかのモルホロジー、形状の異なるエマルション粒子

（コア・シェル　逆相コア・シェル　偏在　多粒子複合　内部架橋　パワー・フィード型　中空　多中空　金平糖状　偏平状）

　また、ポリウレタン樹脂粒子、エポキシ樹脂粒子などをシードとして用いシード重合を利用することで樹脂・ポリマー複合粒子を得ることもできます。

　シード重合でなくパワーフィード重合法というAとBの2成分のモノマー比を連続的に変えながら重合する方法を用いると、粒子内部に連続的な濃度勾配がある粒子をつくることができます。

③有機・無機複合粒子

　酸化チタンや酸化鉄などの無機顔料、シリカなどを複合化した粒子が開発されています。

④中空粒子

　ローム＆ハース（Rhom & Haas）社のアルカリ膨潤法のほか、いくつかの合成法が開発されています。アルカリ膨潤法は、粒子内にアルカリで膨潤するカルボキシル基を持つモノマーを共重合し、アルカリを加えて内部を中空にする方法です。得られた粒子はプラ

スチックピグメントとして、酸化チタンの代替に用いられています。プラスチックピグメントはエマルション塗料のほか、比重が小さいことを活用して紙工用コーティング剤に有用な材料になっています。

⑤扁平粒子

円盤状の粒子が開発されています。これは１段目の重合で貧溶媒を含む膨潤粒子をつくり、次いで２段目に架橋剤を含む重合を行うと架橋の進行によって働く収縮力と、溶剤の排除（相分離）によって粒子が変形し扁平状になることを利用しています。この粒子もプラスチックピグメントとして紙工用コーティング剤に用いられ、高いずり速度下でのコーティング剤の粘度が球形粒子より低く、作業性が良いことが知られています。

⑥マイクロゲル

マイクロゲルは内部架橋した直径$0.05〜0.1\mu m$程度の微粒子です。架橋密度を変えることで溶剤中での粒子の膨潤特性が異なり、結果的に粘性特性が変わるので、この性質を利用して塗料のレオロジー調整剤に用いられています。

5.1.5 強制乳化でポリマー微粒子をつくる

乳化重合などの方法によって水中で重合しながら粒子を形成するほかに、あらかじめ合成した樹脂を水中に強制乳化する後加工によってもエマルションがつくられています。ポリエステル樹脂、ポリウレタン樹脂、エポキシ樹脂などのエマルションは後加工によってつくられます。

(1) ポリエステル樹脂

　多塩基酸と多価アルコールの縮合反応によって得られる樹脂がポリエステル樹脂です。水性化にはアニオン型、カチオン型が考えられますが、最も一般的な方法はカルボン酸をアミンで中和するアニオン型です。水性化には通常、酸価が40程度以上必要ですが、①酸過剰で合成する、②水酸基を持つポリエステルに酸無水物を付加してハーフエステル化する、③水酸基とカルボキシル基を持つポリヒドロキシカルボン酸、例えばジメチロールプロピオン酸（5.3）を重合する、などの方法を用いポリエステル樹脂を合成します。

$$\mathrm{HOCH_2-\underset{\underset{COOH}{|}}{\overset{\overset{CH_3}{|}}{C}}-CH_2OH} \tag{5.3}$$

　合成した樹脂にアミンと水を加え、強制的に撹拌・乳化しますが、相転換には強力な撹拌機が必要です。アミンはアンモニア、トリエチルアミン、ジエタノールアミンなどが用いられますが、アミン種は樹脂の乾燥、硬化に影響するのでその選択は重要です。乳化時に界面活性剤を加えることもあります。また乳化時に水相、油相（樹脂）いずれにも分配する溶剤をカップリング溶剤として用いることも効果があります。ポリエステルエマルションは水中での加水分解による安定性が課題です。

(2) ポリウレタン樹脂

　ポリイソシアネートとポリオールの反応によって得られる樹脂がポリウレタン樹脂です。イソシアネート基（−NCO）は反応性に

富む極めて活性な基で、アルコール、アミン、水、カルボキシル基などの活性水素化合物と反応します。

ポリイソシアネートにはベンゼン環を持つ黄変型のTDI（トリレンジイソシアネート）、MDI（ジフェニルメタンジイソシアネート）、ベンゼン環を持たない非黄変型のIPDI（イソホロンジイソシアネート）、HDI（ヘキサメチレンジイソシアネート）、中間型のXDI（キシリレンジイソシアネート）などがあり、用途に応じて使い分けますが、水中での耐加水分解性が良好な脂肪族ジイソシアネートを用いるのが一般的です。

ポリウレタンの水性化法にも自己乳化法と、乳化剤の存在下で強制乳化する方法があります。自己乳化にはアニオン型、カチオン型による方法がありますが、代表的な方法はアニオン型で、例えばポリイソシアネート、ポリオール、前述のポリヒドロキシカルボン酸でポリウレタンを合成し、アミンやアルカリで中和する方法です。

$$\begin{aligned}
&\text{OCN—R—NCO} + \text{HO-R'—OH} + \text{HO-R''—OH} \rightarrow \\
&\hspace{6cm} |\\
&\hspace{5.7cm} \text{COOH}\\
&\text{—R—NHCOO-R'-OOCNH—R—NHCOO-R''-OOCNH—}\\
&\hspace{6.5cm} |\\
&\hspace{6.2cm} \text{COO}^-\text{Na}^+ \quad (5.4)
\end{aligned}$$

強制乳化法ではポリイソシアネートとポリオールによって得られる比較的分子量の小さいプレポリマーに水、乳化剤を加え乳化装置で強制的に乳化分散させた後、ポリアミンを加えてプレポリマーを鎖延長して高分子化させる方法が多く用いられます。

（3）エポキシ樹脂

　エポキシ樹脂はビスフェノールAとエピクロルヒドリンからつくられる樹脂です。エポキシ樹脂の水性化も同様に強制乳化法と自己乳化法があります。強制乳化法では、低分子量のエポキシ樹脂を加熱して乳化剤と水を加え、機械力で強制的に乳化する方法で、少量の有機溶剤を用いることもあります。乳化剤の選定は重要で樹脂の沈降安定性に影響するほか、アニオン系活性剤ではエポキシ基との反応が生じ、硬化に問題が出ることがあります。また、ノニオン活性剤のみでは乳化能が低いため多量に用いる必要があり、硬化物の耐水性の低下がみられます。

　自己乳化法では、エポキシ樹脂末端のエポキシ基にカルボキシル基を導入することや、エポキシ樹脂に高酸価のアクリル樹脂をグラフトさせて乳化するなどの方法がとられています。エポキシ樹脂の成功例は自動車用下塗塗料に用いられているカチオン型電着塗料の乳化があります。これはエポキシ樹脂にアミノ基を導入し、酢酸、酪酸などで中和する方法です。**図5.7**に示すように、アミノ基とし

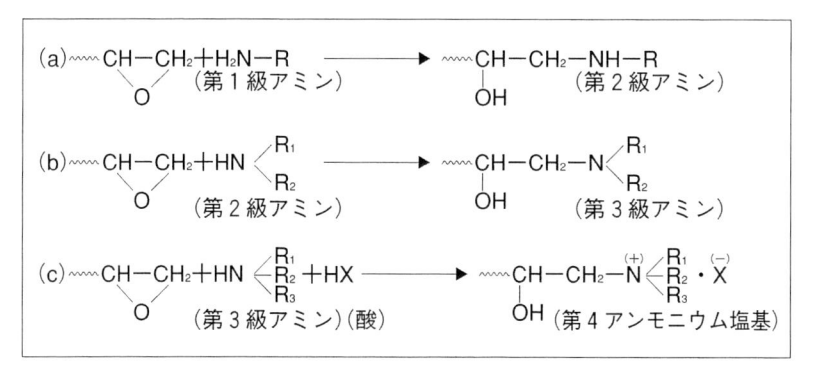

(a) 〜〜CH－CH$_2$＋H$_2$N－R　──→　〜〜CH－CH$_2$－NH－R
　　　　＼／　　　　　　　　　　　　　　　｜
　　　　O　　（第1級アミン）　　　　　　OH　　（第2級アミン）

(b) 〜〜CH－CH$_2$＋HN＜$^{R_1}_{R_2}$　──→　〜〜CH－CH$_2$－N＜$^{R_1}_{R_2}$
　　　　＼／　　　　　　　　　　　　　　　｜
　　　　O　　　（第2級アミン）　　　　　OH　　（第3級アミン）

(c) 〜〜CH－CH$_2$＋HN＜$^{R_1}_{R_2}_{R_3}$＋HX　──→　〜〜CH－CH$_2$－N$^{(+)}$＜$^{R_1}_{R_2}_{R_3}$・X$^{(-)}$
　　　　＼／　　　　　　　　　　　　　　　　　｜
　　　　O　　（第3級アミン）（酸）　　　　　OH　（第4アンモニウム塩基）

図5.7　カチオン型電着塗料の乳化法の例

てはエチルアミン、モノエタノールアミンのような第1級アミン、ジエチルアミン、ジエタノールアミンなどの第2級アミンを用いる方法と、トリエチルアミン、トリエタノールアミンなどの第3級アミンを酸でプロトン化し第4アンモニウム塩にする方法などが用いられています。

ちょっと一息(5) 色の話・緑と青

　われわれは青菜、青田、青梅といったように緑色のものを青として表現することが多くあります。
　青蛙おのれもペンキぬりたてか　　　　　　　　　　芥川龍之介

　日本人は色に関しては極めて繊細な感受性を持っており、伝統的な色の呼び名は数多くあります。例えば、緑に関しては蓬色、若竹色、萌黄色、鶯色、常盤色、若菜色、緑青色等々、青に関しては藍、紺、縹色（はなだいろ）、浅葱色（あさぎいろ）、水色、納戸色等々です。そうした繊細さとこの青／緑の問題は矛盾するように思えますが、これはかつて緑を染める染料がなく、藍と黄檗（きはだ）、あるいは藍と刈安の青、黄で重ね染めをしたことによるためで、かつては青というのは青みの緑を指していました。

　ところで古くには緑色の顔料は少なく、孔雀石を砕いたものが用いられていましたが、ポンペイの遺跡（西暦79年以前）や兵馬俑の遺跡（BC228年以前）では人造の緑青の使用が認められています。

　青も同様で、かつてはアフガニスタンを主要産出国とするラピスラズリを砕いたものが用いられ群青、ウルトラマリンと呼ばれていました。これは現在では$Na_2Al_6Si_6O_{24}S_x$の合成品が用いられています。
　また紺青は現在ではプルシアンブルー、鉄青と呼ばれるフェロシアン化物ですが、兵馬俑のころは天然の銅鉱石を紺青と呼び使用していました。なお、古代エジプトではエジプトブルーと呼ばれるフリット状の青顔料を製造していたことが知られています。これはケイ砂・孔雀石・炭酸カルシウム・ソーダ石を混ぜ800〜900度に加熱して得られる顔料です。
　緑を多く用いた画家と言いますと、私は鬱蒼（うっそう）とした密林の奥から獣や蛇使いが現れるアンリ・ルソー（1844〜1910年）を、また、青の画家としては人体を青のシルエットで描きとったイヴ・クライン（1928〜1962年）を思い出します。

微粒子分散体の流動性

6-1 ▶▶▶ 粘度を測る

6.1.1　いろいろな液体の流動性

　ここでは顔料やポリマー粒子分散体の粘度特性を中心に述べます。顔料分散体を用いる製品の製造、加工、使用のうえで、顔料濃度や顔料形状、あるいはずり速度が粘度にどのような影響を与えるかを知ることは重要です。

　液体はその種類によっていろいろな流動特性を持っています。図6.1[1]は流動性の定性的な表現を、粘度と降伏値という2つの尺度で示したものです。粘度や降伏値については後ほど詳しく述べます

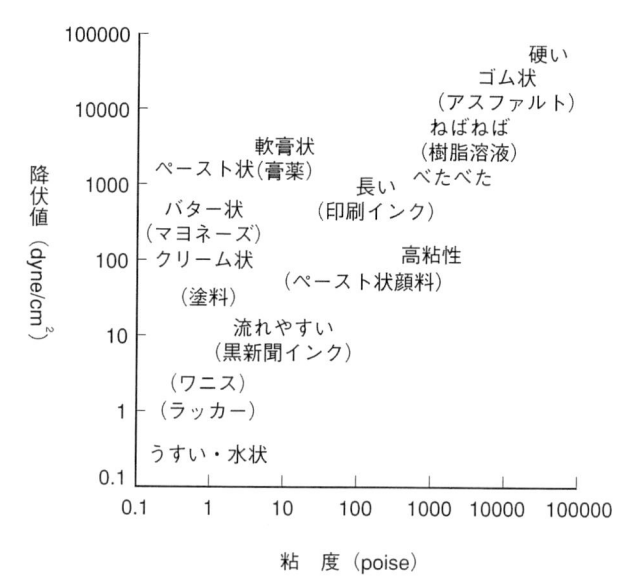

出典：T.C.Patton・塗料の流動と顔料分散、p10(1971)共立出版

図6.1　いろいろな液体の流動特性

が、粘度は液体が流動するときの抵抗であり、降伏値はある力に達するまでは流動しない点の力です。図中には左下の「水状」から右上の「ゴム状」までいくつかの品名や液体の状態を示しています。例えばクリームやマヨネーズの粘度そのものは高くありませんが、降伏値が高く、取り出したときにだらだらと流れることがないようにつくられています。これは練り歯磨きも同じで、歯ブラシに取り出したときに流れることはありません。「ペースト状顔料」や「高粘性」にあてはまる例では、塗料の下地処理に用いられるパテがあります。これは樹脂溶液に体質顔料などを高濃度に分散したもので、ヘラで付けたときに付いたままの形状が維持できるように粘度や降伏値が高く設計されています。

　コップの水を棒でかき回してみましょう。かき回すと水は流動しますが、かき回すのを止めるとやがて止まります。このことはどのような液体でも生じますが粘度の高いものほど早く止まります。ニュートン（Newton）はこの原因は液体内部の摩擦によると考えました。粘度を考えるとき、図6.2のように液体が薄い層の積み重ね

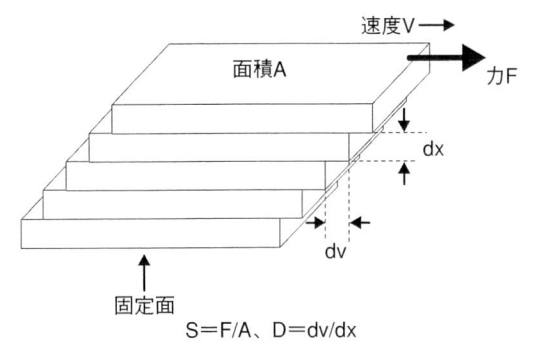

図6.2　液体薄膜層のモデルによるずり応力（S）とずり速度（D）

$S = F/A$、$D = dv/dx$

で成り立っていると考え、これに力をかけて上面を動かします。このときのずり応力S（せん断応力とも呼ぶ）は、力Fを面積Aで割ったものです。また、ずり速度D（せん断速度とも呼ぶ）は微小速度dvを微小厚さdxで割ったものです。

$$\text{ずり応力} \quad S = F/A \tag{6.1}$$

$$\text{ずり速度} \quad D = dv/dx \tag{6.2}$$

この応力Sをずり速度Dで割ったものが粘度ηです。

$$\text{粘度} \quad \eta = S/D \tag{6.3}$$

あるいは粘度ηはSとDの比例定数です。

$$S = \eta D \tag{6.4}$$

すなわち、粘度は攪拌するときの抵抗であり、例えば、てんぷら油の粘度は水の約100倍です。

6.1.2 回転粘度計と実用的粘度計

粘度を測定するにはいくつかの方法があります。

①回転粘度計：液を挟んだ一方から液に一定速度の回転運動を与え、もう一方にかかるトルクから粘度を測定する方法です。図6.3に示すように測定部には円錐・円板型、平行円板型、2重円筒型があります。

②毛細管粘度計：液が毛細管を通過する時間から粘度を求める方法です。

③落球粘度計：3.3.2節で述べましたストークスの法則に従い、液中を球が落下する速度から粘度を求める方法です。

④実用的粘度計：ストマー粘度計、フローカップ、気泡粘度計など

円錐・円板型　　**平行円板型**　　**2重円筒型**

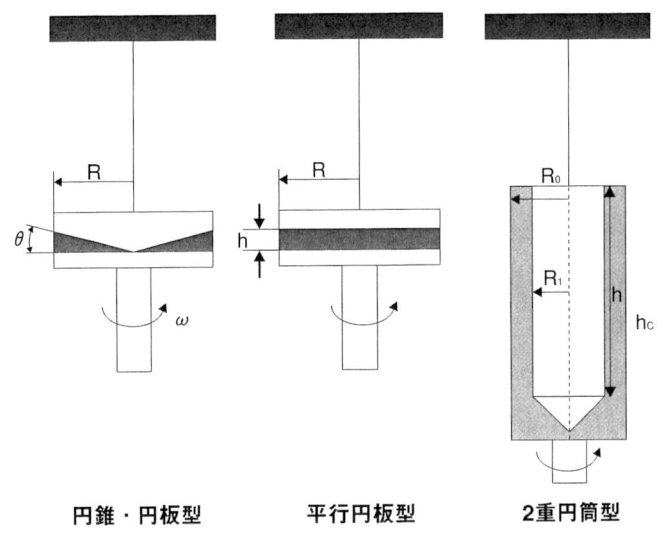

図6.3　回転粘度計の種類（測定部の形状）

の実用的測定法です。

⑤振動型粘度計：回転粘度計は一定の速度で液に回転を与える方法で、これを定常流測定と言います。一方、振動型粘度計は液に周期的な変形（振動）を与え、動的弾性率、動的粘性率を求める方法です。

この中で最も一般的な回転粘度計および実用的粘度計について述べます。

回転粘度計の一つである2重円筒型回転粘度計は外筒を回転させる方法と内筒を回転させる方法がありますが、どちらも再現性の良い測定法です。回転速度を変えることによって、種々のずり速度での粘度を測定できるので、非ニュートン流体（次節参照）の粘度測定に威力を発揮しますが、測定には多くの試料量が必要です。測定粘度やずり速度範囲はトルクセンサーの検出能力に依存し、感度の

異なるトルクセンサーや形状の異なる円筒（ローター）を用いることによって広い範囲の粘度測定ができます。

円錐・円板型（コーン・プレート型）回転粘度計は円錐を用いることによって、挟まれた液体がどの位置でもずり速度Dが一定になるよう設計されています。これは液体を変形させる速度vは中心からの距離rに比例し（$v=2\pi rN$、N：回転数）、その点の液体の厚さxもrに比例する（$x=r\theta$、θ；円錐・円板のなす角度）ため、ずり速度は$v/x=2\pi N/\theta$になり、中心からの距離によらず一定になります。この点、位置によってずり速度が異なる平行円板型より優れた方法です。試料量も少なくてすみ、高粘度試料の測定作業に便利な装置です。

汎用的な円錐・円板型粘度計であるE型粘度計の粘度測定範囲は、$50～10^5$ mPa・s程度、ずり速度の範囲は$1～400$ s^{-1}程度です。

また、類似の簡易型の機種にB型（Brookfield、ブルックフィールド型）粘度計があります。これは試料量を無限大と仮定した試料容器中でローターを回転させたときの回転力から粘度を求める方法です。ローターは5種類あり、回転速度も段階的に変えることができるので、簡易型の粘度計として広く用いられていますが、厳密な意味での精度には問題があります。

実用的な粘度計の一つであるストマー粘度計はパドル（櫂）型粘度計とも呼ばれ、液体中に浸漬したかき混ぜ棒（パドル）をおもりの落下によって回転させ、その回転速度とおもりの重さから粘度を求める装置です。物理的な意味合いは明瞭ではありませんが、液体をかき混ぜる際の粘性抵抗を測定する実用的方法として塗料分野ではよく用いられます。粘度の単位はKU値（Krebs Unit）です。

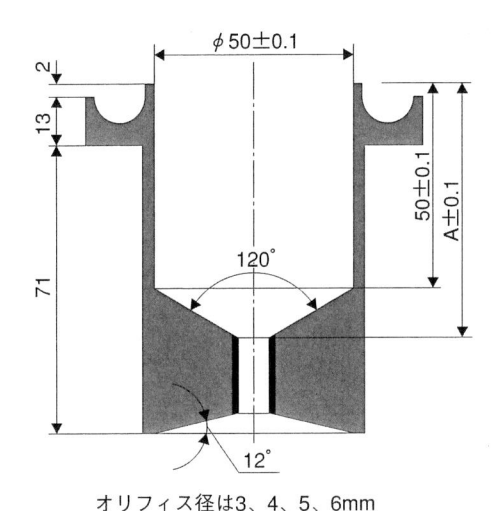

オリフィス径は3、4、5、6mm
出典：JIS K5600-2-2（1999）日本規格協会

図6.4　ISOカップ

　フローカップはカップ下端のオリフィスから液が流出する時間を測定するもので、塗装粘度の調整などに広く用いられている実用的方法です。**図6.4**[2]に一例を示しますが、フローカップにはISOカップ、フォードカップ、イワタカップなどいくつかのタイプがあります。

　気泡粘度計は円筒内の液体中を上昇する気泡の速度から粘度を比較する方法で、標準管（A5〜Z10）と比較することで試料液の粘度を決定する方法です。

6.1.3　液体の流動パターンについて

　回転粘度計を用いてずり速度を変えて測定すると、液体によって

表6.1 液体の流動パターンと代表例

分類		流動形式	例
ニュートン流動		$S = \eta D$	水、溶剤、植物油、流動パラフィン、シリコンオイル
非ニュートン流動	擬塑性流動	$S = \eta D^n$, $1 > n > 0$	ポリマーエマルション、塗料、インキ、グリース、ラード、コンデンスミルク、紙パルプ
	塑性流動（ビンガム流動）	$S = S_0 + \eta D$	練り歯みがき、トマトケチャップ、マーガリン、スラリー、パテ、塗料
	塑性流動（非ビンガム流動）	$S = S_0 + \eta D^n$	塗料、インキ、マヨネーズ、アスファルト、濃厚サスペンション
	チキソトロピー		塗料、インキ、グリース、クレンジングクリーム、練り歯みがき
	ダイラタンシー	$S = \eta D^n$, $n > 1$	かたくり粉水溶液、粘土スラリー、濡れた砂

出典：南井典明、友田敬二・色材協会誌、66, 434（1993）を参照

いろいろな流動パターンを示すことがわかります。ずり応力Sとずり速度Dの関係を見ることによって**表6.1**[3]のようにその流動パターンの違いがわかります。

① ニュートン流動

ずり速度とずり応力が比例関係にある流体で、粘度ηはずり速度に依存しません。すなわち、ずり応力Sとずり速度Dの関係は次式の通りです。

$$S = \eta D \tag{6.5}$$

水や溶剤、植物油、低分子量樹脂の溶液などがこの流動パターンをとります。以下のものはいずれも非ニュートン流動です。

② 擬塑性流動

塑性流動に近い流動パターンを持ちますが、降伏値を持たない流動です。粘度式はオストワルド（Ostwald）式です。

$$S = \eta D^n \tag{6.6}$$

ここで、n：粘度指数で擬塑性流動の場合、$1 > n > 0$です。

③ 塑性流動

ある応力、すなわち降伏値までは流動しません。それ以上の応力がかかると流動し、ずり速度とずり応力が比例関係になる流動をビンガム（Bingham）流動と言います。

$$S = S_0 + \eta D \tag{6.7}$$

ここで、S_0：降伏値です。降伏値以上でオストワルド型になる非ビンガム流動の塑性流動もあります。

$$S = S_0 + \eta D^n \tag{6.8}$$

④ ダイラタンシー

ずり速度が小さいときは流動しやすいが、大きくなると急激にず

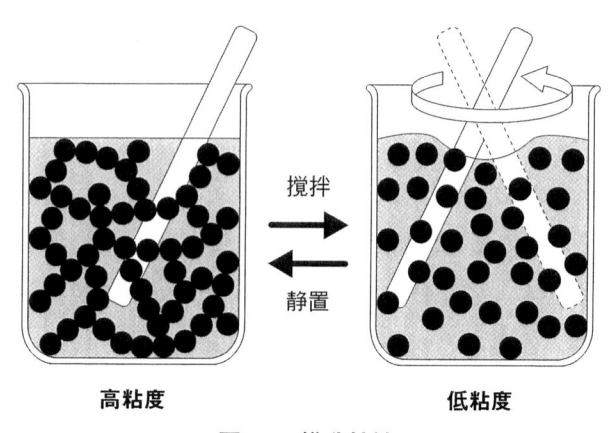

図6.5　構造粘性

り応力が増大し、粘度が上昇する流動パターンです。ちょうど海水を少し含んだ海辺の砂を強く踏みつけるとギュッと固くなるのと同じです。酸化チタンの高濃度分散体のような場合に見られる流動パターンです。粘度式は（6.6）式と同じですが、$n>1$です。

⑤チキソトロピー

　②～⑤は粒子分散系に見られる流動パターンです。②、③、⑤はいずれも静置状態では顔料粒子などがつながった橋架け構造をとっていますが、図6.5に示すように撹拌によってその構造が壊され粘度が低下します。これを構造粘性と言います。チキソトロピーの流動パターンは擬塑性流動と同様ですが、構造破壊と構造再生に時間差があるものをチキソトロピーと言います。

　塗料、インキなどでは②、③、⑤、特に⑤のチキソトロピーのパターンを示すものが多くあります。このような系では粘度のずり速度依存性を知ることが必要です。

6-2 ▶▶▶ 微粒子分散体の粘度の特徴

6.2.1 球形粒子の濃度と粘度の関係

分散媒（液体）に顔料や樹脂粒子などの粒子成分を加えていったとき、分散媒の粘度に対し分散体の粘度がどのように変化するのかを考えます。

アインシュタイン（Einstein）は粒子を含有する分散体の粘度 η_C と分散媒の粘度 η_L の関係を次式で示しました。

$$\eta_C = \eta_L (1 + k_E \phi) \tag{5.9}$$

ここで、ϕ：粒子の充填体積分率、k_E：アインシュタイン係数と呼ばれるもので、球の場合は2.5、立方体の場合は3.1と粒子形状によって変わります。また、単軸会合繊維で引張応力成分に対して平行な繊維では $k_E = 2L/D$、L：繊維長、D：繊維径が示されています[4]。このアインシュタイン式は粒子間の相互作用がない低濃度分散体、すなわち数%程度以下の場合にしか適用できません。

より実際的な濃度範囲での粘度変化については多くの式が提案されていますが、ここでは（6.10）のムーニー（Mooney）式[5]と（6.11）のクリーガー・ドガティ（Krieger-Dougherty）式[6]を示します。後者はエマルション粒子の粘度式として提案されたものです。

$$\ln \frac{\eta_C}{\eta_L} = \frac{k_E \phi}{1 - \phi/\phi_m} \tag{6.10}$$

$$\eta_C / \eta_L = (1 - \phi/\phi_m)^{-k_E \phi_m} \tag{6.11}$$

ここで、ϕ_m：最大充填体積分率です。**図6.6**に両式による計算例を示します。ここで縦軸のη_C/η_Lを相対粘度と呼びます。ϕ_mは3.1.1節で述べたように、最密充填の場合は0.74ですが、実際の充填ではそんなに高い値にはならないので、図では0.74と0.6の場合の両方について粘度変化を示します。両式には違いがありますが、こうした考え方を用いることによって任意の顔料充填量での粘度の予測ができます。これらの式でアインシュタイン係数は粒子形状に依存しますが、粘度に及ぼす粒子サイズや粒子の性質の影響は説明され

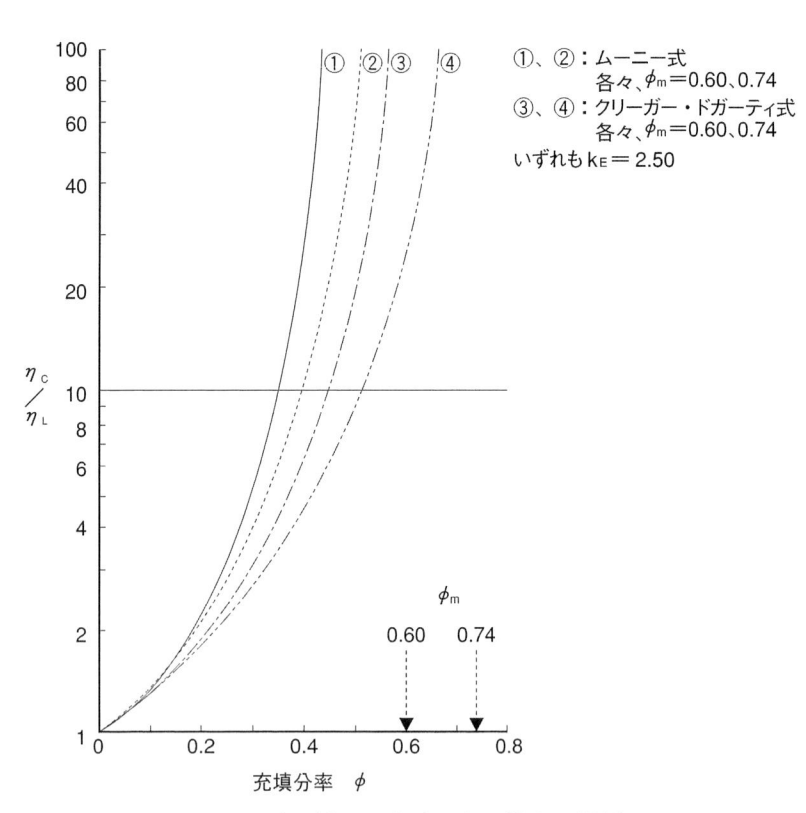

①、②：ムーニー式　各々、ϕ_m＝0.60、0.74
③、④：クリーガー・ドガーティ式　各々、ϕ_m＝0.60、0.74
いずれもk_E＝2.50

図6.6　球形粒子の充填分率と粘度の関係

ていません。

　また、次の式も多くの分散液の粘度の実験データに適合することが知られています[7]。

$$\eta_C / \eta_L = (1 - \phi / \phi_m)^{-2.5} \qquad (6.12)$$

6.2.2　棒状・板状粒子の濃度と粘度の関係

　顔料は球形ばかりではなく、また、一次粒子に分散しているとも限りません。球、立方体、繊維状のアインシュタイン係数については前述の通りですが、板状、あるいは棒状でアスペクト比（＝長径（L）／短径（D）比）が異なる場合のアインシュタイン係数もまた大きく変化します。板状の顔料にはアルミニウムフレーク、マイカフレークやシリカフレーク、ガラスフレークおよびその誘導体、板状酸化鉄などがあげられます。棒状の顔料には黄色酸化鉄やジスアゾイエロー、フタロシアニンブルーなどがあります。

　こうした形状の粒子のアインシュタイン係数は一概には言えませんが、アスペクト比L/D＝2，4，6，8の棒状粒子の場合のk_Eは、各々2.7、3.0、3.5、3.7程度、同じアスペクト比の板状粒子のk_Eは、3.3、5.0、7.0、8.6程度を当てはめて考えてみるとよいでしょう[4]。

　また、最大充填分率ϕ_mについては、球形粒子の最密充填時のϕ_m＝0.74、立方粗充填では0.524、斜方粗充填では0.605であることは表3.1の通りですが、ランダム粗充填では0.601が示されています[4]。このように球形粒子でも充填状態が異なる場合や、粒子が棒状でアスペクト比が異なる場合の最大充填分率は当然異なります。ちなみに棒状粒子が単軸六方最密充填、単軸単立方充填、単軸ランダム充填

した場合のϕ_mは、それぞれ0.907、0.785、0.82が示されています。またいずれもランダム充填で棒状粒子のアスペクト比がL/D=1, 2, 4, 8の場合のϕ_mはそれぞれ0.704、0.671、0.625、0.476が示されています[4]。こうした値を念頭において、前述のムーニー式などを適用することによって粒子濃度と粘度の関係を予測することができます。アスペクト比が2、4、8の場合の棒状粒子の充填量と粘度の関係を図6.7に示します。

粒子がアグリゲートの状態で凝集している場合は、凝集が強固で、

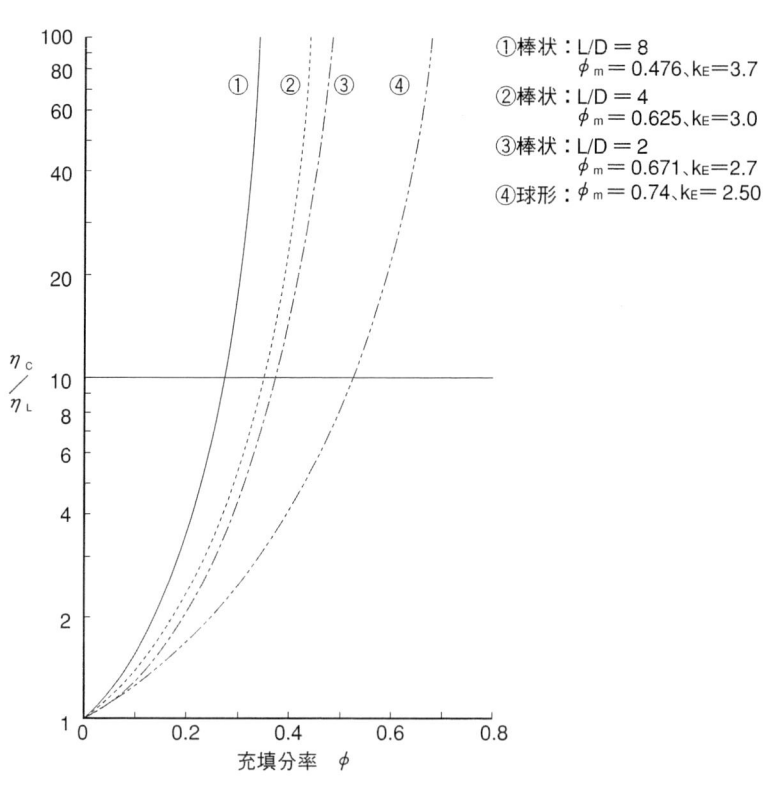

①棒状：L/D＝8　ϕ_m＝0.476、k_E＝3.7
②棒状：L/D＝4　ϕ_m＝0.625、k_E＝3.0
③棒状：L/D＝2　ϕ_m＝0.671、k_E＝2.7
④球形：ϕ_m＝0.74、k_E＝2.50

図6.7　棒状粒子の充填分率と粘度の関係

凝集体の内部にある液体は動かず、アインシュタイン係数は$k_E = 2.50 / \phi_a$となって増大します。ϕ_aは凝集体中の球の最大充填分率です。

6.2.3 粘度はずり速度で変化する

ニュートン流動では粘度はずり速度によらず一定ですが、ある程度以上の濃度の粒子分散系の粘度はずり速度によって変化します。ダイラタンシーの流動特性を持つものは現実の分散体ではあまり見られず、塑性流動、擬塑性流動やチキソトロピーなどの流動特性を示すものが大半です。図6.8にずり速度と粘度の関係の模式図を示しますが、ずり速度の増大により（見かけの）粘度が低下することをシェア・シンニングと言います。このように粒子濃度がある程度高くなった場合、見かけの粘度がずり速度の増加に伴って低下する非ニュートン流動になり、粘度とずり速度の間にはクロス（Cross式）[7,8]が成立することが知られています。

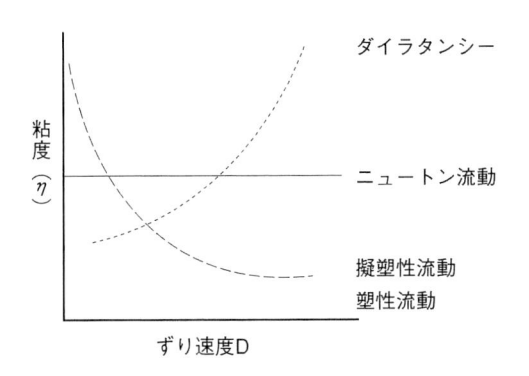

図6.8　ずり速度と粘度

$$\eta = \eta_\infty + \frac{\eta_0 - \eta_\infty}{1 + \Omega D^m} \tag{6.13}$$

ここで、η_0、η_∞：各々、ずり速度0、極めて高いずり速度下での粘度、Ωおよびm：定数で、mの典型的な値は1/2または2/3です。このような系では粘度はずり速度と共に低下し、ある下限値に達しますが、これは粒子の集塊の破壊のような構造変化によると考えられています。

ここで塗料の製造、使用時のずり速度について考えてみましょう。塗料は顔料分散、混合してつくられ、輸送、貯蔵され、各種の方法で塗装されます。また塗装された塗料はたれや平坦化（レベリング）を生じます。これらの各工程のずり速度は**表6.2**に示すように大きく異なります。混合、ポンピングでは数10〜200s^{-1}程度、スプレー塗装時には50万〜100万s^{-1}という大変大きな値になります。またスプレーされ塗着した塗料が被塗物表面でたれやレベリングを生じるときのずり速度は、0.01〜0.1s^{-1}という大変小さな値です。したが

表6.2 塗料の製造、塗装時のずり速度

	ずり応力 (Pa)	ずり速度 (s^{-1})
貯　蔵	1.0	＜0.001
分　散		100〜40,000
混　合		20〜100
ポンピング		10〜200
刷毛塗り	300〜600	5,000〜20,000
スプレー塗装	40,000〜80,000	500,000〜1,000,000
ローラー塗装	200〜2,500	3,000〜40,000
浸漬塗装		10〜100
流し塗り		10〜100
た　れ	0.1〜10	0.01〜0.10
レベリング	0.1〜10	0.01〜0.10

って、こうした各工程のずり速度下での粘度を知ることができれば作業性の良否との関連が把握できます。刷毛で塗装する際も刷毛塗りのずり速度は20,000s^{-1}程度ですが、こうした高ずり速度で測定したときに粘度が低い塗料ほど刷毛塗りの作業性が良いことが知られています。

ずり速度と粘度の関係の実用例として、自動車塗装に用いられる水性ベースコートの例を取り上げます。自動車塗装上塗りでは、アルミニウムフレーク顔料などを含むベースコートの上にクリヤコートを塗装し、同時に焼付けする方式が一般的ですが、このベースコートが多量の有機溶剤を使用するため、近年、水性ベースコートが開発され広く用いられています。その一つにコア・シェルエマルションという2層構造のポリマーエマルション粒子を樹脂成分にする塗料があり、図6.9[9)]に示すように擬塑性粘性流動を示します。す

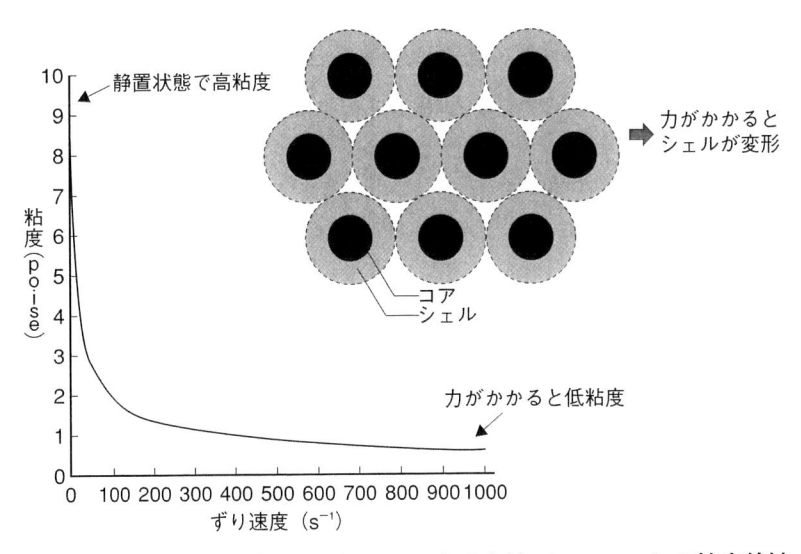

図6.9 コア・シェル型エマルションによる水性ベースコートの粘度特性

なわち、静置状態やスプレー塗装直後は低ずり速度で粘度が高く、スプレー時は高ずり速度で粘度が低い設計になっています。この塗料では（6.6）のオストワルド式のηとnを塗色ごとに規定することで品質管理を行っています。

6.2.4 降伏値を測る

粒子分散系のずり応力Sとずり速度Dの関係を述べてきましたが、粒子分散系の粘度式にカッソン（Casson）式[10]というとても有用な式があります。この式はニュートン流動する媒体に球形粒子を加えたときの粘度式ですが、球形以外の粒子の場合にもよく当てはまります。

$$S^{1/2} = S_0^{1/2} + \eta_\infty^{1/2} D^{1/2} \tag{6.14}$$

ここで、S_0：降伏値、η_∞：Dが無限大のときの粘度で、構造が完全に壊されたときの粘度であり残留粘度と言います。この式が示すように、SとDそれぞれの平方根でプロットすると、**図6.10**に示す

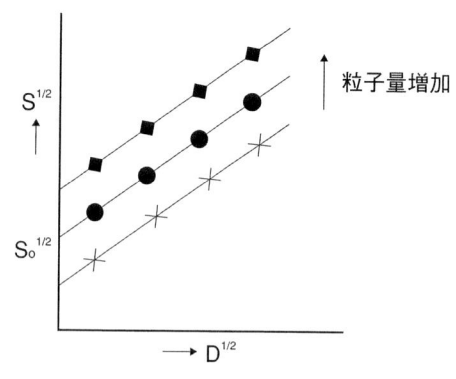

図6.10　カッソン・プロット

ように直線関係が得られます。Dが0のときの切片の値がS_0の1/2乗で、S_0はカッソンプロットから容易に求めることができます。また傾きは$\eta_\infty^{1/2}$です。こうして求めた降伏値が真の値であるかどうかについてはより厳密な議論が必要ですが、実用的には十分有益な値を得ることができます。

媒体が非ニュートン液体の場合の改良式も報告されています[11]。

$$S^{1/2} = S_0^{1/2} + \eta_\infty^{1/2}\left[\frac{\eta_a}{\eta_0}\cdot D\right]^{1/2} \tag{6.15}$$

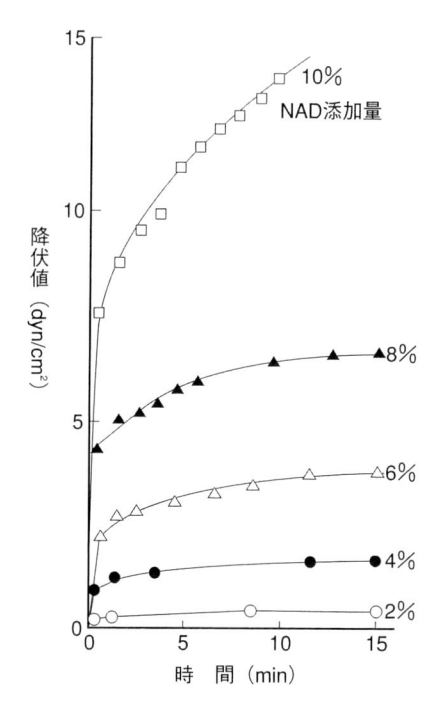

出典：河村昌剛・塗装工学、32、40 (1997)

図6.11　アクリル樹脂溶液にNAD粒子を添加した場合の降伏値の発現挙動

ここで η_a：分散媒の見かけ粘度、η_0：零ずり速度での粘度です。

このカッソン式を用いた塗料技術の例をみてみましょう。自動車塗料の世界では水平部位はレベリングが良く平滑で、ドアなどの垂直部位には塗料のたれが生じないといった仕組みが必要です。このためにレオロジーコントロール剤と呼ばれるマイクロゲル、NAD（非水ディスパージョン）などのポリマー微粒子や無機微粒子を含む各種微粒子が開発されています。

図6.11[12)]にアクリル樹脂溶液にNAD粒子を添加した場合の降伏値の発現曲線を示します。これは塗装直後の塗料の構造粘性の発現を模擬したもので、降伏値が一定以上になれば、たれやレベリング

出典：河村昌剛・塗装工学、32,40（1997）

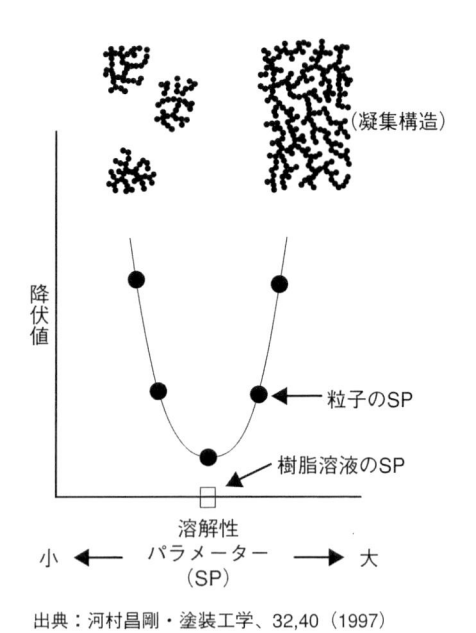

図6.12 アクリル樹脂／ポリマー粒子の溶解性パラメーター（SP）と降伏値

が起こらないことになります。こうした手法でたれとレベリングの両立を図るわけですが、分散媒と粒子表面の極性の差が降伏値の発現に大きく影響します。両者の溶解性パラメーター（2.1.5節参照）が同じ場合には降伏値はほとんど発現せず（図6.12[12]）、離れると粒子による構造粘性が発現します。また、樹脂の溶解性パラメーターに比べ粒子のそれが大きいか小さいかで凝集構造が異なることが認められています。

6.2.5 大／小粒子混合系は低粘度

6.2.1節でムーニー式やクリーガー・ドガーティ式による粒子分散体の粘度に及ぼす粒子濃度の影響について述べました。これらの式は同一粒子の充填量による粘度変化を導いたもので、粒子サイズとの関係は明らかではありません。

しかし、粒子径が75nmと340nmである2つのアクリルエマルションの粘度を比較すると、同じ濃度では小粒子径のものが明らかに高い粘度を示すことが報告されています[13]。また両者とも低濃度では、ずり速度によって粘度が変化しないニュートン流動ですが、濃度の増大によって非ニュートン流動、すなわちシェア・シンニングが見られるようになります。このシェア・シンニングになる濃度も小粒子径のもののほうが低濃度であることがわかります。さらに最大充填体積分率も粒子径の低下に伴い低下することが知られています。

また、図6.13にモデル的に示すように、大粒子に小粒子を混合した場合、高い樹脂濃度まで粘度上昇が抑えられることが知られてい

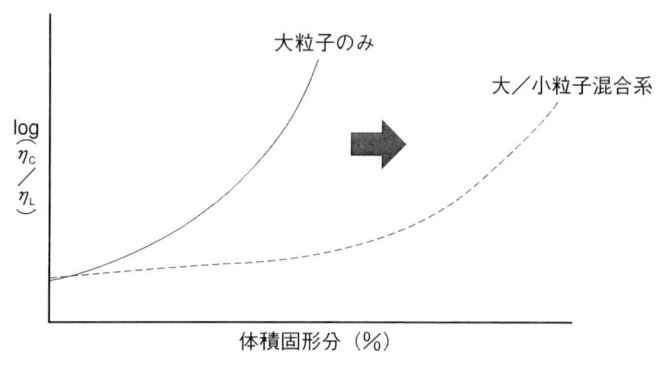

図6.13　大／小粒子混合系の粘度の模式図

（縦軸：$\log(\eta_c/\eta_L)$、横軸：体積固形分（％）、実線：大粒子のみ、破線：大／小粒子混合系）

ます。236μmの大粒子エマルションに112.5、73.8、33μmの三種の小粒子をそれぞれ25％混合して粘度を測定した研究[14]では、大小粒子混合系はこうした効果が極めて大きいことを報告しています。また大／小粒子径の混合比を変えて粘度を測定した結果、小粒子濃度が約40％付近で粘度が最低値を示すことも報告しています。

　このことは3.1.1節で述べた充填体積と深く関連します。大粒子に小粒子を混合することによって充填体積分率が増大します。高濃度のエマルションをつくることは一つの課題ですが、粒度の異なるエマルションの混合は解決策の大きなヒントです。こうした方法で粒子濃度が60％程度のエマルションを得ることができることが報告されています。同様にこのことは顔料分散体の粘度低下のための良いヒントになります。

6.2.6　ポリマーエマルションの流動性

　第5章で述べたように、顔料と共に各種のポリマー微粒子が分散

されて用いられています。マイクロゲルやNADのほか、ポリウレタン粒子はラバータッチのような表面の風合いを出す目的で塗料などに加えられます。しかし何といってもポリマー微粒子で使用量の多いものが、塗料、接着剤などに使われるポリマーエマルションです。ポリマーエマルションは、通常、直径0.1～1μm程度のポリマー微粒子を水中に分散したものです。これらポリマー粒子分散体は顔料分散体と基本的には同様に扱うことができますが、ポリマー粒子分散体ならではの特徴もあります。

エマルションは粒子濃度が低い場合はニュートン流動しますが、濃度の上昇に伴って非ニュートン流動になります。多くの場合、20～25%程度以下ではニュートン流動すると考えてよいでしょう。

エマルション濃度と動的粘弾性測定による貯蔵弾性率G'および損失弾性率G"の関係を測定した報告[15]では、低濃度ではG'、G"はともに小さく、かつ周波数によって増大する非弾性流動体として挙動しますが、高濃度ではG'、G"は非常に高く周波数に依存しない弾性固体のように挙動することが知られています。

エマルションの流動時の粘度をニュートン流動する媒体の粘度寄与a_1と、非ニュートン流動のポリマー粒子の寄与$b_1\theta_1$の和と考えると、次式のようになります[16]。

$$\eta = a_1 + b_1\theta_1 = a_1 + b_1\frac{\sinh^{-1}\beta_1 D}{\beta_1 D} \tag{5.13}$$

ここで、b_1、β_1：温度、濃度に依存するパラメーターです。この式から$\beta_1 D$が高い値を示すときは$\theta_1 = 0$で$\eta = a_1$となりニュートン流動し、$\beta_1 D$が0に近づけば$\theta_1 = 1$で$\eta = a_1 + b_1$となり、やはり

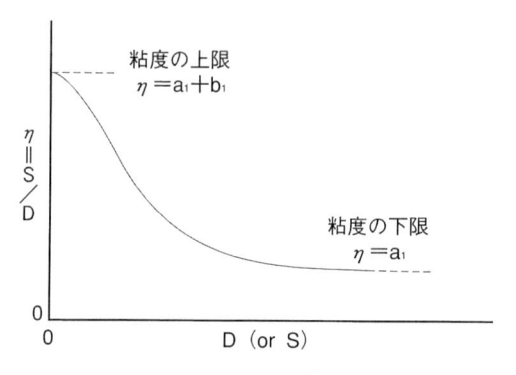

図6.14 非ニュートン流動範囲でのエマルションの全流動曲線の模式図

ニュートン流動することになります。エマルションでは図6.14に示すように低ずり速度でも高ずり速度でもニュートン流動し、その間がシェア・シンニングの挙動を取ることが知られています。

　一般的なポリマーエマルションの粘度を考えるとき、次のようなことを念頭におく必要があります。
①0.01～1μm程度の粒子径の微粒子であること
②高濃度の界面活性剤が存在し吸着層を形成していること
③粒子が電荷を持ち、電解質の濃度とpHによって電気2重層
　（2.1.7節参照）の厚みに影響し、結果的に粘度に影響すること
④多くの使用分野で顔料、溶剤、増粘剤などを加え、粘度への影響
　が大きいこと

　アクリルエマルションやポリウレタンエマルションではエマルションにカルボキシル基（-COOH）を持たせ、アミンで中和して水との親和性を高め安定化を図る手法が一般的です。このとき表面に多くのカルボキシル基が存在すると、アミンの中和によるpHの増加と共に大きく粘度上昇することがあります。

また、エマルション塗料では作業性や成膜性を向上するために少量の有機溶剤を併用することも一般的ですが、溶剤とポリマーの親和性が高いほど、溶剤はポリマー粒子に分配して粒子を膨潤させるため粘度は高くなります。

　エマルションの乾燥過程の粘度に及ぼす添加溶剤の影響も大きく、溶剤の水／エマルション粒子中への分配、水、溶剤の蒸発速度の違いによって粘度は大きく異なります[17]。このように顔料粒子に比べポリマー粒子はいわば呼吸している粒子なので、その取り巻く状況を考慮する必要があります。

ちょっと一息(6) 色の話・紫

　あかねさす　紫野ゆき　標野(しめの)ゆき
　　野守は見ずや君が袖ふる　　　　　　額田王(ぬかたのおおきみ)（万葉集）

　これは紫草が生える紫野で額田王が歌った歌です。紫は古くより最も位の高い色として定められてきました。その染色に使う紫草を育てる紫野での歌です。紫草の根である紫根は紙に包むだけでその色が移ることから、自分の思う人にその思いを映して染めたいということも連想された草です。

　聖徳太子によって定められた冠位十二階は、6つの位がそれぞれ大小に別けられ十二階として定められたものです。その位ごとに五行思想に基づく青、赤、黄、白、黒が定められ、その最上位に紫が置かれました。紫は紫根の抽出液を用い、椿の灰を用いた媒染液で染め上げたもので、高貴な人以外身に付けることを許されなかった禁色でした。

　紫色の顔料は古くは知られていません。白亜を茜(あかね)の根で染めたものがポンペイで知られています。紫は洋の東西を問わず貴重な色でした。紫色の染色はアクキガイ科の貝の内臓のパープル線から取り出すわずかな染料を用いて行うもので、紀元前1600年頃からの歴史をもつとされています。いわゆる貝紫で、これは1gの染料を得るのに2000個の貝を必要とする極めて高価なものです。

　古代ローマにおいても紫は禁色でした。ユリウス・カエサルが凱旋したとき、黄金の鎧と紫色のマントを着、その後、それまでは凱旋式でしか許されていなかったマントの着用を日常でも認められたことが知られています。また、カエサルの死後、エジプトに戻ったクレオパトラがアントニウスに呼ばれたときに乗っていった船は、船体が金色に輝き、帆は貝紫で染められた煌(きら)びやかなものだったことが知られています。

　今から1000年前の源氏物語は桐壺、藤壺、紫の上など紫色に関連する名の女性をめぐる文学で、作者も紫式部であることがとても象徴的です。

顔料充填ポリマーの物性

7-1 ▶▶▶ 顔料充填ポリマーの力学的性質

7.1.1 ポリマーの力学的性質とは

　ポリマーには用途に応じて力学的、光学的、電気・磁気的、熱的性質などの物理的性質や、化学的性質、表面的性質などが求められます。この中で力学的性質はポリマーに外力がかかった場合のポリマーの力学的な応答を意味し、機械的性質とも呼ばれます。

　ポリマーは使用環境下で、急激な力や緩慢な力を持続的、あるいは断続的に受けます。こうした力は結果的に引張、圧縮、曲げ、せん断、ねじりといった静的な力や衝撃、摩耗などの動的な力として作用します。こうした力に対する応答を理解する一助として、引張特性や動的粘弾性特性を知ることは大変参考になります。

(1) 引張特性

　引張特性は短冊状の試験片に引張の力をかけてその応答を見るものです。ポリマーの性質によって**図7.1**[1)]のようにさまざまな応力-歪曲線が得られます。応力とはポリマーに外力がかかり歪が生じたときに、ポリマー内部に生じる反応力のことです。応力 σ は引張荷重Fを試験片の断面積Aで割ったものです（$\sigma = F/A$）。また歪は変形量です。図7.1の応力-歪曲線の立ち上がり部は応力 σ と歪 ε の間にフック（Hooke）の法則の比例関係が成立します。

$$\sigma = E \cdot \varepsilon \tag{7.1}$$

　この比例定数Eが弾性率（ヤング率）で、バネにかけるおもりとバネが伸びる長さの関係の比例定数です。ポリマーは粘性と弾性を

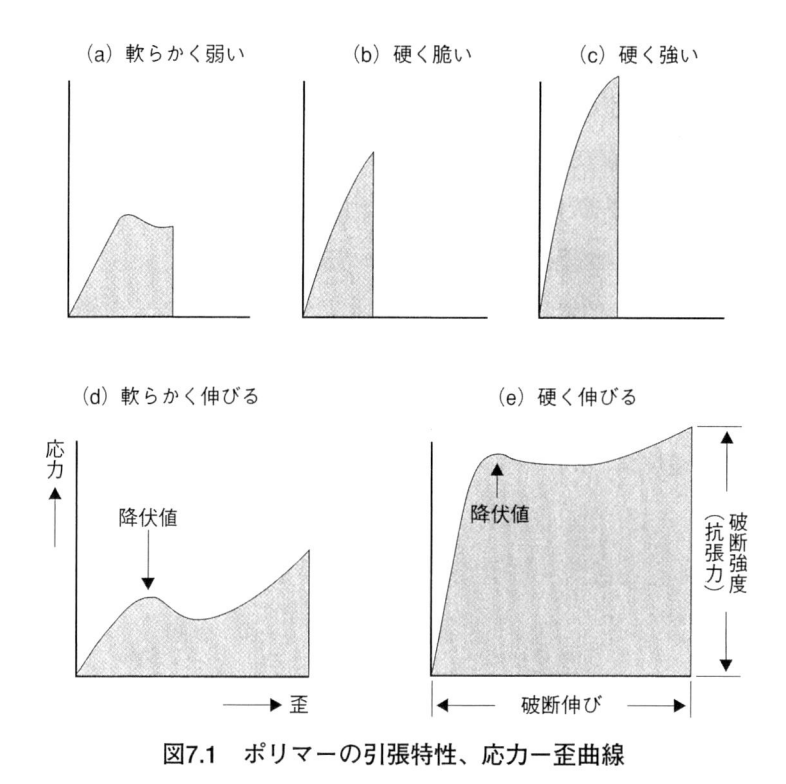

(a) 軟らかく弱い　(b) 硬く脆い　(c) 硬く強い

(d) 軟らかく伸びる　(e) 硬く伸びる

応力

降伏値

歪

降伏値

破断強度（抗張力）

破断伸び

図7.1　ポリマーの引張特性、応力－歪曲線

併せ持つ粘弾性体で、初期段階ではバネのみが応答するので、弾性率を求めることができます。弾性率は"硬い"、"軟らかい"の尺度になります。

図7.1の縦軸の応力の大小は"強い"、"弱い"の尺度になり、その最大値を抗張力、または破断応力と言います。また、横軸の歪、あるいは伸び率（$\Delta L/L$、L：試料長）の大小はポリマーの"伸びる"、"脆い"の尺度、すなわち靭性の尺度になり、ポリマーが破断したときの伸びを破断伸びと言います。初期の引張の後、ポリマーの応力－歪曲線がピーク値を示す場合があり、これを降伏値と言い

ます。降伏値の手前までは引張をやめるとポリマーは元に戻りますが、この点を超え引張り続けると応力はあまり変化しないまま大きく伸び、力を取り去っても元の長さに戻らなくなります。これはポリマー中の分子がずれて変形を起こすことによります。また、応力－歪曲線下の面積は破断エネルギーを示します。

このようにしてポリマーの引張特性は①軟らかく脆い、②硬く脆い、③硬く強い、④軟らかく伸びる、⑤硬く伸びる、に分けることができます。⑤は強靭なポリマーです。いくつかのポリマーの引張特性値を**図7.2**に示します。

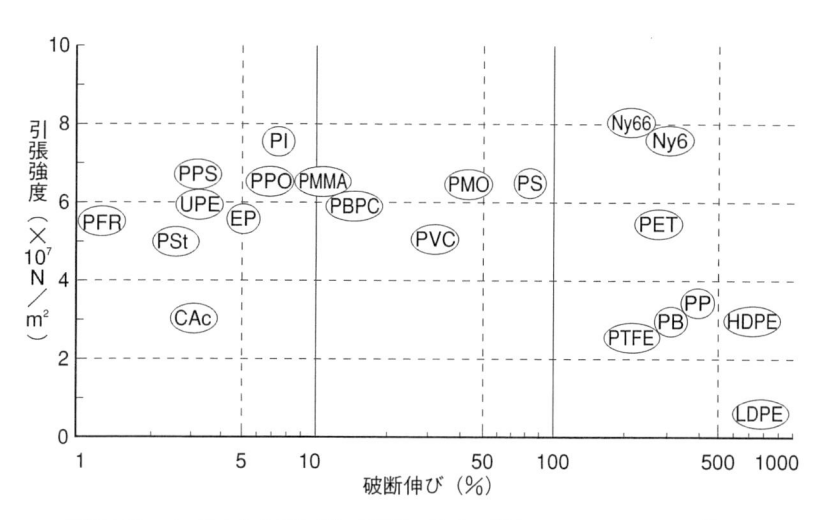

PFR：フェノールホルムアルデヒド樹脂、PPS：ポリフェニレンスルフィド、UPE：不飽和ポリエステル、PSt：ポリスチレン、CAc：セルロースアセテート、EP：エポキシ樹脂、PI：ポリイミド、PPO：ポリフェニレンオキサイド、PMMA：ポリメチルメタクリレート、PBPC：ポリビスフェノールカーボネート、PVC：ポリ塩化ビニル、PMO：ポリメチレンオキサイド、PS：ポリスルホン、Ny66：ナイロン66、Ny6：ナイロン6、PET：ポリエチレンテレフタレート、PTFE：ポリテトラフルオロエチレン、PB ：ポリ－1－ブテン、PP：ポリプロピレン、HDPE：高密度ポリエチレン、LDPE：低密度ポリエチレン

図7.2　主なポリマーの引張特性値

これらの特性値はポリマーが粘弾性体であることから、引張速度や測定温度によって変化し、引張速度の増加、温度の低下と共にポリマーは硬く脆い方向に移行します。

（2）動的粘弾性特性

ポリマーに振動を与えてその応答を測定する動的粘弾性測定法にはさまざまな方法が開発されていますが、大きく分けて強制振動法と自由減衰振動法があります。強制振動法は一定の歪を連続的に与える方法です。自由減衰振動法は1度歪を与えその減衰振動を測定するもので、代表的な方法に自由ねじり振動法があります。

強制振動法では試料に振動、すなわち正弦的に変化する歪を与え、その結果としての応力を時間と共に測定すると、**図7.3**のようになります。試料が完全に弾性体の場合は歪と応力の位相にずれは出ませんが、粘弾性体であるポリマーでは一部は内部摩擦となってずれ、すなわち図の歪ピーク値（ε_0）と応力のピーク値（σ_0）の位置のずれ（δ）を生じます。このような測定からポリマーの動的弾性率

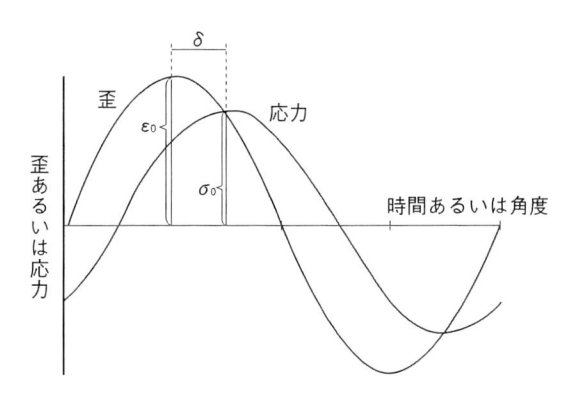

図7.3　正弦歪を加えたときの粘弾性体の応力

（あるいは貯蔵弾性率）E'と、損失弾性率E"、およびE"とE'の比であるtan δ（あるいは損失正切）が求まります[2]。貯蔵弾性率は弾性項の、損失弾性率は粘性項の大きさを表します。

$$E' = \sigma_0 \cos\delta / \varepsilon_0 \quad (7.2)$$
$$E'' = \sigma_0 \sin\delta / \varepsilon_0 \quad (7.3)$$
$$\tan\delta = E''/E' \quad (7.4)$$

こうして温度を変えてE'、E"、tan δを測定すると、**図7.4**のようなグラフが得られます。室温付近のE'の値は硬さの尺度になります。温度上昇と共にE'は急激に低下し、ポリマーはガラス状態からゴム状態に変化します。ポリメチルメタクリレートは室温でガラス状態のポリマーですが、高温ではゴム状態になります。一方、シ

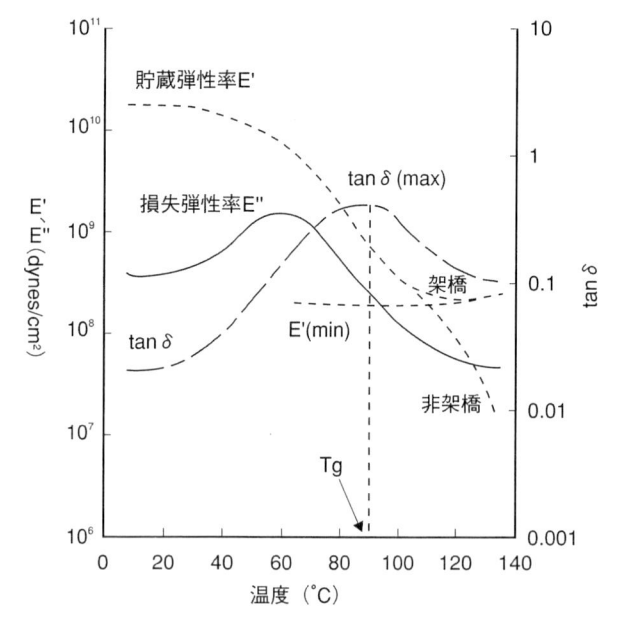

図7.4　粘弾性測定によるE'、E"、tan δのモデル図

リコーンゴムは室温でゴム状態のポリマーです。このポリマーのゴム状態とガラス状態の変わり目の温度がガラス転移温度Tgです。ちなみにポリメチルメタクリレートのTgは100℃、ポリジメチルシロキサンのTgは－123℃です。ポリマーの硬さなどの機械的強度や気体透過性などの性質はこのTgを境に大きく変化します。動的粘弾性測定の結果からTgは通常、$\tan\delta$のピーク温度を用いて求めますが、E"のピーク温度の方が熱測定によるTgに近いという理由でこちらを用いる場合もあります。

ポリマーが架橋していない熱可塑性ポリマーの場合、ゴム領域でE'は一方的に低下し流動状態になりますが、ポリマーが架橋している熱硬化性ポリマーの場合、ゴム領域で一定の平衡値E'_{min}を示します。この値は架橋度の増大と共に増大し、ゴム弾性理論では架橋間分子量M_cとの間には次の関係があります[3]。

$$M_c = 3\rho RT / E'_{min} \qquad (7.5)$$

ここで、ρ：ポリマー密度、R：気体定数、T：E'が平衡に達した温度です。なお、$1/M_c$を架橋密度と言います。

7.1.2 顔料充填ポリマーの弾性率

弾性率は物理的な意味合いが明瞭で、ポリマーの物性を知るうえで大切な指標の一つです。顔料を充填することによって弾性率は増大し、これを弾性率補強効果といい、それに対し多くの研究がなされています。ところで、ポアソン比が0.5のエラストマーに剛体粒子を充填する場合、粒子とマトリックス樹脂の界面が接着している場合は6.2.1節で述べた相対粘度と相対せん断弾性率は同じ扱いがで

きます[4]。

$$\frac{\eta_C}{\eta_L} = \frac{G_C}{G_P} \tag{7.6}$$

ここで、G_P：未充填ポリマーのせん断弾性率、G_C：充填ポリマーのせん断弾性率です。このことは6.2.1節の粘度式がそのまま弾性率の予測に適用できることを示していますが、これはあくまでも連続相のポアソン比が0.5で、充填剤の剛性率が連続相のそれよりはるかに大きいとき、という条件が付きます。

ところでポアソン比は次のように定義され、引張試験で体積の変化がない場合、例えばゴム状態の橋架けポリマーでは0.5ですが、多くの場合0.3～0.5の値をとり、ガラス状ポリマーの代表値は0.35です。

$$\text{ポアソン比}(\nu) = \frac{\text{単位幅当たりの幅の変化}(\Delta D/D)}{\text{単位長さ当たりの長さの変化}(\Delta L/L)} \tag{7.7}$$

このようにしてアインシュタイン式に対応する(7.8)のスモールウッド（Smallwood）式[5]や(7.10)のムーニー式はそのまま相対弾性率の変化を示す式として用いることができます。また、(7.8)式より顔料含有量の高い領域に適合する式として、(7.9)のグース（Guth）式[6]がよく用いられます。

$$G_C = G_P(1 + 2.5\phi) \tag{7.8}$$

$$G_C = G_P(1 + 2.5\phi + 14.1\phi^2) \tag{7.9}$$

$$\ln\frac{G_C}{G_P} = \frac{k_E\phi}{1 - \phi/\phi_m} \tag{7.10}$$

ここで、ϕ：充填剤体積分率、ϕ_m：最大充填体積分率、k_E：アインシュタイン係数（6.2.1節参照）です。

さらにポアソン比を考慮した（7.11）のケルナー（Kerner）式[7]も多く用いられます。(7.11) 式は充填粒子の剛性率G_2とマトリックス樹脂の剛性率G_Pが、$G_2 \gg G_P$のときに簡略化された式で示しています[4]。

$$\frac{G_C}{G_P} = 1 + \left[\frac{15(1-\nu)}{8-10\nu}\right]\left[\frac{\phi}{1-\phi}\right] \tag{7.11}$$

この式はポリマーがゴム状態のときの$\nu = 0.5$、ガラス状態のときの$\nu = 0.35$を用いると、それぞれ（7.12）、(7.13) 式になります。

$$G_C/G_P = 1 + 2.5\phi/(1-\phi) \tag{7.12}$$

$$G_C/G_P = 1 + 2.17\phi/(1-\phi) \tag{7.13}$$

また、ゴムなどの軟らかい粒子を充填した高衝撃ポリスチレンの場合、ケルナー式は次のようになることが知れています[4]。

$$\frac{1}{G_C} = \frac{1}{G_P}\left[1 + \frac{15(1-\nu)}{7-5\nu} \cdot \frac{\phi}{1-\phi}\right] \tag{7.14}$$

図7.5に各々の式に対応する相対弾性率の変化を示します。ムーニー式では硬いポリマーに顔料を充填したときに、相対弾性率が大きくなりすぎることが知られています。スモールウッド式は粒子間の相互作用がない低濃度の場合にのみ適合します。なお、ゴム状態での剛性率Gと弾性率Eの間には、$E = 3G$の関係があり、これらの式のGをEと読み替えることができます。

これらの式はポリマーに顔料を充填したときの顔料の体積効果に

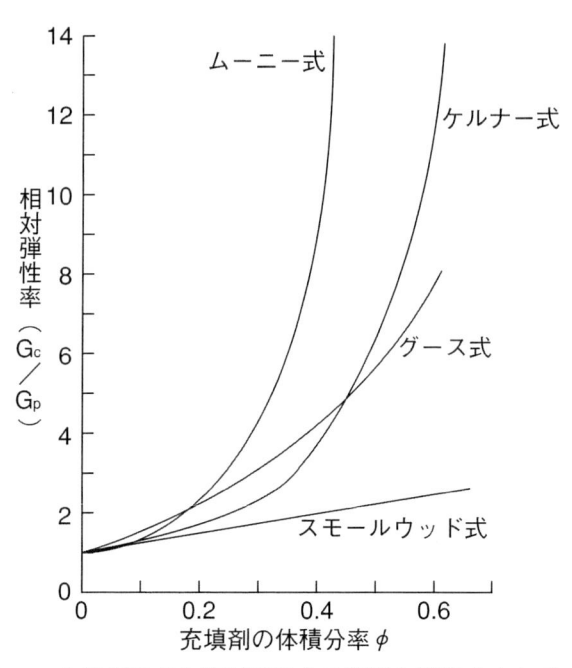

図7.5 充填剤濃度と相対弾性率の関係を予測する各式

よる弾性率の増大を示していますが、粒子をポリマーに充填したときにはこの体積効果だけでなく、表面効果と空隙効果も考えなければなりません。表面効果は粒子表面にポリマーが接着することによって、接着点のポリマーの熱運動を制限し、架橋点と同様に働く弾性率増大効果です。空隙効果は変形によるポリマー／粒子間の隙間の発生に伴う弾性率低下効果です。佐藤[8]は球形粒子を充填した系についてこの3つの効果を次式に示しました。

$$\frac{E_C}{E_P} = \underbrace{\left(1 + \frac{1}{2} \cdot \frac{3\phi}{1-\phi}\right)}_{\text{（体積効果）}} (1 - \Psi\zeta)$$

$$+ \left[\frac{K}{2} \cdot \frac{3\phi(4-\phi)}{(1-\phi)^2} \right] (1-\Psi\zeta) - \frac{3\Psi\zeta}{1-\phi} \quad (7.15)$$

　　　　　　（表面効果）　　　　　　　　　（空隙効果）

$$\Psi = \frac{1}{3} \cdot \frac{\phi(\phi+8)}{3\phi^2+2\phi+4} \quad (7.16)$$

　ここで、ζ：完全接着の場合 0 、完全非接着の場合 1 である接着パラメーターです。また、$K=K_0(1-\zeta)$、$K_0=g_f/g_r d$ で g_f は充填剤表面の鎖密度、g_r はマトリックス中の鎖密度、d は粒子径です。この 3 効果を図7.6に示します。横軸の $X=\phi/(1-\phi)$ に対し、体積効果による相対弾性率は直線的に増大し、表面効果ではわん曲急上昇し、空隙効果では低下がみられ、結果的にその合計としての

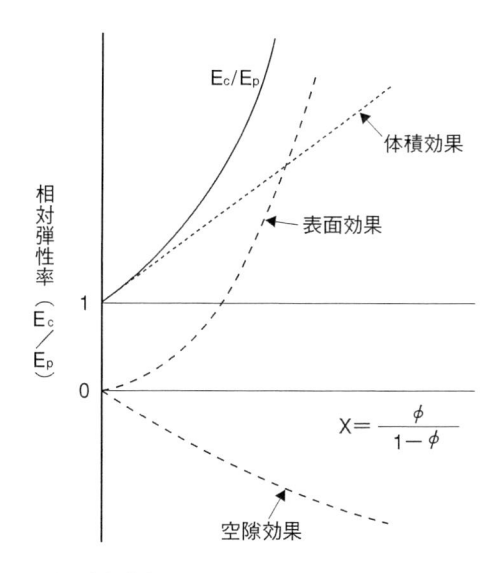

出典：佐藤良泰・ゴムの性質と加工、p238(1965)地人書館

図7.6　体積効果、表面効果、空隙効果の模式図

E_C/E_P の上昇が認められます。

充填剤補強効果は粘度式の場合と同様、粒径には依存しない式になっていますが、実際は充填した粒子の粒径によって変化します。ポリエチレンやエポキシ樹脂に粒径に異なる充填剤を加えた場合、粒径の低下に伴って弾性率の増大が認められています。これは粒子表面により多くのポリマーの吸着層が形成されることによる弾性率補強効果の寄与と考えられます。

また、粒子形状も大きな影響を与えます。例えば、メラミン・アルキド樹脂塗膜に酸化チタンを充填した系では、相対弾性率は粒子充填量と共にほぼグース式に近似しますが、グラファイトやタルク充填系では大きく離れた高い値になることが報告されています[9]。平板状顔料や棒状顔料では弾性補強効果が大きくなります。これは

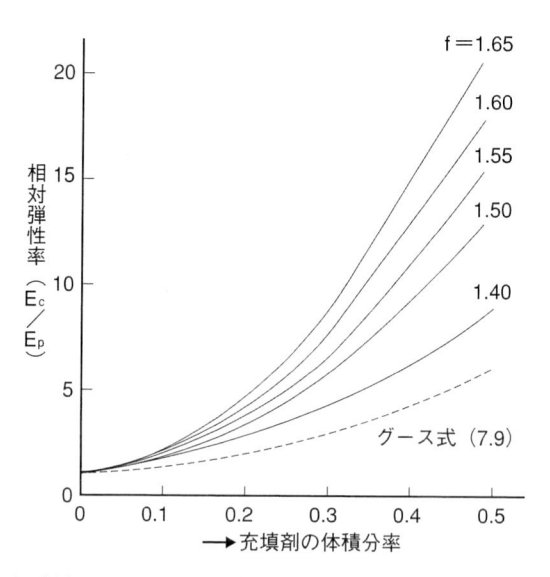

図7.7　充填粒子の形状因子（f＝長さ/幅比）の変化と相対弾性率

不均一粒子のため応力分布が乱れ、変形の仕事量が大きくなることが弾性率補強効果に現れるためと考えられます。グース[6]は充填剤の形状効果を含む弾性補強効果を次式で示しています。

$$E_C/E_P = 1 + 0.67 f \phi + 1.62 f^2 \phi^2 \qquad (7.17)$$

ここで、f：形状因子で、粒子の長さ／幅の比です。この式を用いfが変化した場合の相対弾性率の変化を図7.7に示します。

7.1.3　顔料充填ポリマーの引張特性

弾性率補強効果について述べましたが、顔料や充填剤を含有する系では、
①マトリックスポリマー／充填剤が不均一であること
②両者間の接着状態を定量的に把握することが難しいこと
③伸長によって生じる空隙はマイナスの補強効果になるが、その取り扱いが難しいこと
④充填剤の分散状態が物性に及ぼす影響が明瞭ではないこと
などの理由で理論的な解明が容易ではありません[8]。

引張特性については単純なモデルに基づいてニールセン（Nielsen）が考え方を提案した報告[10]があります。図7.8に示すモデルで粒子とポリマーマトリックスが完全接着の場合と、完全非接着の場合に破断伸びや引張強度がどのようになるかを検討したものです。このモデルでは伸びはマトリックス樹脂にのみ依存しますが、ポアソン比は考慮されていません。ポリマーと粒子が完全接着している場合、破壊はポリマー成分の伸びによって起こると考えます。

相対破壊伸び（$\varepsilon_C/\varepsilon_P$）および引張強度$\sigma_C$は、次式のようにな

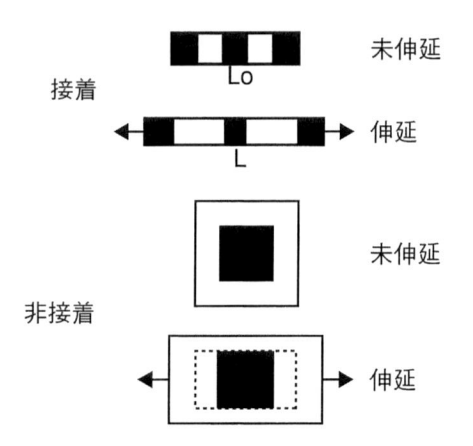

図7.8 ポリマー／粒子間が完全接着、完全非接着の場合の伸延モデル

ります。

$$\varepsilon_C / \varepsilon_P = 1 - \phi^{1/3} \quad (7.18)$$

$$\sigma_C = E_C \varepsilon_C \quad (7.19)$$

ポリマーと粒子が完全非接着の場合、全応力はポリマーのみが担うため、ポリマーの引張強度とポリマー体積分率の積が相対引張強度になるはずです。

$$\sigma_C / \sigma_P = (1 - \phi^{2/3}) S \quad (7.20)$$

ここで、Sは応力濃度関数で、応力濃度がない場合1、通常は1～0.5の値をとります。破断伸びは前述の佐藤の式（7.15）の表面効果を除いた場合と（7.20）式を組み合わせることで予測できます。

図7.9に示すように、この考え方で求めた相対破断伸びは充填剤量の増加と共に低下しますが、非接着の方が低下率は小さくなります。また、相対引張強度は非接着の場合、充填剤量の増加と共に低下しますが、接着の場合は初期に低下し、その後わずかに増大する結果になります[10]。

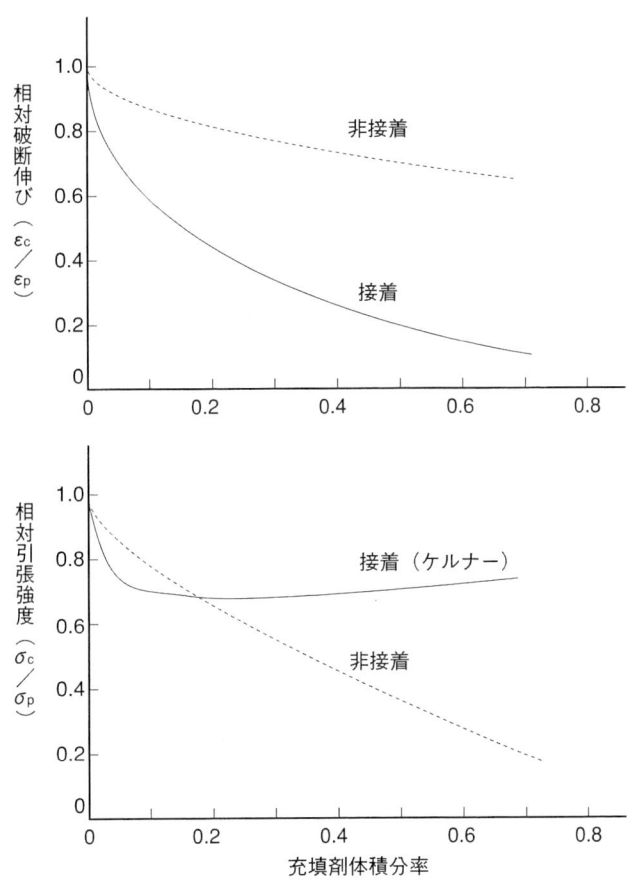

図7.9　充填剤量と相対破断伸び、相対引張強度

　引張特性に及ぼす顔料濃度の影響は顔料種によって異なりますが、多くの実験データを見ると**図7.10**の模式図に示すように、ニールセンのモデルとは異なり引張強度は顔料濃度に対してピーク値を持つのが一般的で、中には低下するものもあります。また破断伸びは顔料濃度により一方的に低下します。

　アクリル樹脂塗料に酸化チタン、バライト、タルク、炭酸カルシ

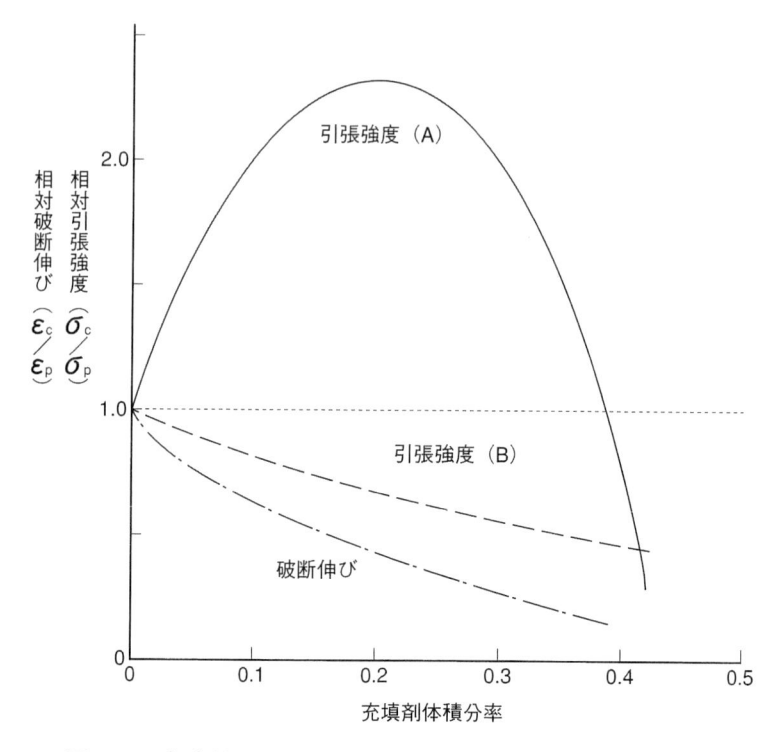

図7.10　充填剤量による引張強度、破断伸びの変化の模式図

ウムを充填した場合の相対引張強度を測定した例[11]では、前三者は図7.10の引張強度（A）のようにピーク値をもち、球形粒子の酸化チタンとバライトに比べ板状粒子のタルクは補強効果が大きく低濃度で大きな相対引張強度を示しています。このピーク値の顔料濃度がCPVCに対応します。一方、棒状粒子の炭酸カルシウムは顔料・樹脂界面の接着に問題があるように見受けられ、顔料濃度の増加と共に相対引張強度の低下が認められています。さらに相対破断伸びは低下傾向の大きい順にタルク、バライト、酸化チタン、炭酸カルシウムになっています。

7.1.4 顔料充填ポリマーの耐衝撃性

　耐衝撃性は1/1000～1/100秒程度の短時間に衝撃的な荷重をかけて評価します。この衝撃には、引張、圧縮、曲げ、ねじりの力が考えられますが、プラスチックの分野ではシャルピー、アイゾット衝撃試験などの振子型衝撃試験法や落球式衝撃試験法などで評価されます。シャルピー衝撃試験機は**図7.11**に示すように、ハンマー（振子）の荷重による3点曲げ衝撃試験法です。試験片の中央部にノッチが入れられ、背面より衝撃が加えられます。また落球式は一定の

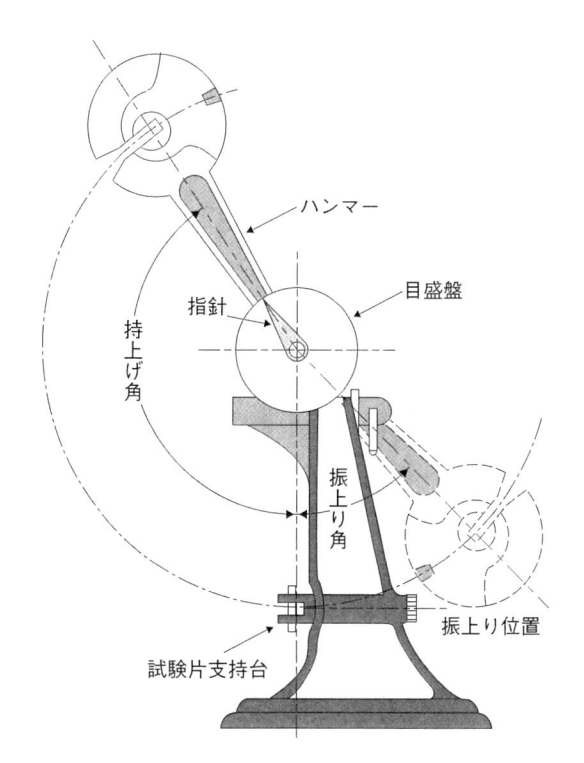

図7.11　シャルピー衝撃試験機

高さから一定荷重の鋼球を落下して評価するものです。

　塗料の分野では鋼鈑に塗装した塗膜に、先端が球形の撃芯を置き、上から一定荷重のおもりを落下して、塗膜の破壊状況を見るデュポン式衝撃試験が一般的です。

　こうした方法は、ポリマーが塑性変形を伴わず、弾性変形する状態、すなわち引張速度が極めて大きい場合の引張試験の応力－歪曲線下の面積（破断エネルギー）との対応を考えることが合理的です。前述のニールセン[10]の単純モデルで考えると、固いポリマーに充填剤が含まれる系でフックの法則が成り立つとすると引張強度は(7.19)式になり、この応力－歪曲線下の面積を衝撃強度と仮定すると次のように表せます。

$$衝撃強度 = \sigma_c \varepsilon_c / 2 = E_c \varepsilon_c^2 / 2 \tag{7.21}$$

　充填剤含有量と相対衝撃強度の関係を見ると、接着、非接着の場合のいずれも充填剤体積分率の増加と共に相対衝撃強度は低下することになりますが、非接着に比べ接着のほうが、低下率が大きいことになります。しかし、衝撃強度と引張特性の関係はあまり単純ではありません。

　ポリマーに充填剤を添加した系の衝撃強度は充填剤量によってあまり変化しないか、低下するのが一般的です。そこでポリマーの耐衝撃性の向上には、次のような方法がとられています。脆い傾向を持つ熱硬化性ポリマーに接着性の良い充填剤を加えると応力分布が均一になり衝撃強度を上げます。特に繊維状の充填剤は効果があります。

　また、硬いポリマーにガラス転移温度の低いエラストマー粒子を分散させることも衝撃強度の向上に有効です。例えば、ポリ塩化ビ

ニルに衝撃強化剤としてABS樹脂を添加すると衝撃強度は著しく向上します。

7.1.5 顔料充填ポリマーの耐摩耗性

摩耗はポリマーが砂やワイヤブラシなどによって擦られて生じる破壊現象です。したがって、摩耗も基本的にはポリマーの破断エネルギーとの関連を考えることが必要ですが、摩耗にはさまざまな要因が関連して複雑です。摩耗試験法には回転する試料上を別に回転する摩耗輪で摩耗させるテーバ摩耗（**図7.12**[12]）などいくつかの方法があります。

ゴムの摩耗量Qは次式で与えられることが知られています[4, 13]。

$$Q = KE'\mu W t / U \tag{7.22}$$

ここで、K：定数、E'：動的弾性率、μ：摩擦係数、W：ポリマーを研磨剤表面に押し付ける法線荷重、t：試験の継続時間、U：引裂きエネルギーです。

塗料では落砂摩耗とニトロセルロースラッカーの摩耗率の関係は**図7.13**[14, 15]のように顔料濃度によって増加し、増加率は顔料種に依存することが知られています。また、このような系の摩耗抵抗Rは次式で整理できることが報告されています。

$$R = kU_B^x \left(\frac{f}{E}\right)^y \left(\frac{1}{\tau}\right)^z \tag{7.23}$$

ここで、k：定数、U_B：破壊エネルギー、E：弾性率、f：降伏応力、τ：緩和時間です。（f／E）は衝撃エネルギー吸収効果、（1／

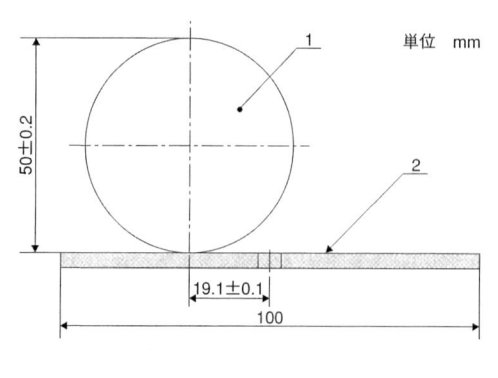

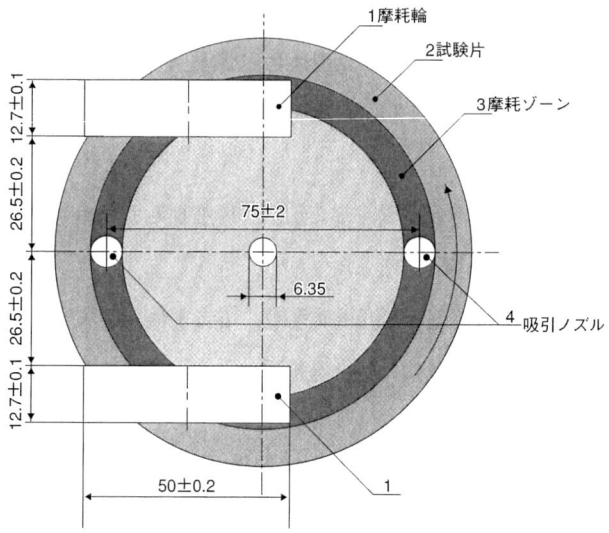

図中ラベル:
- 単位 mm
- 1 摩耗輪
- 2 試験片
- 3 摩耗ゾーン
- 4 吸引ノズル
- 寸法: 50±0.2、19.1±0.1、100、12.7±0.1、26.5±0.2、75±2、6.35、50±0.2

出典：JIS K 5600-5-8（1999）日本規格協会

図7.12　テーバ摩耗装置

τ）は発熱効果と考えることができます。ニトロセルロースの実験では $x=0.25$、$y=1$、$z=0.5$のとき、良い相関が見られることが報告されています。充填剤含有系では破壊エネルギーの増大によって摩耗抵抗が大きくなりますが、充填剤を含まない系では必ずしもこのような結果にならないことが、ほかの報告から知られています。

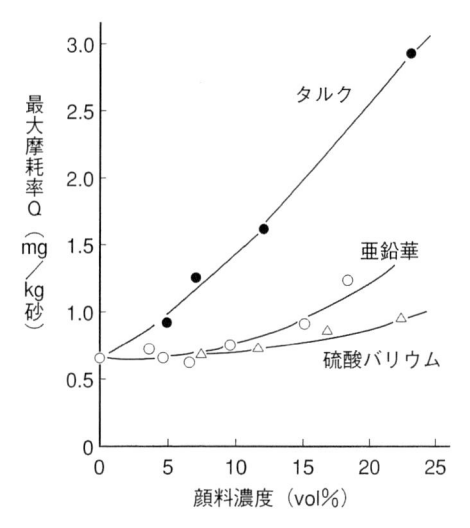

出典：井上幸彦、佐藤弘三・高分子化学、10,300(1953)

図7.13　落砂摩耗の摩耗率と顔料濃度の関係

　エンジニアリングプラスチック分野では摩擦、摩耗、潤滑などを研究するトライポロジーの観点から、例えばポリエーテルエーテルケトン（PEEK）にCaS、ZrF_2、Al_2O_3、ZrO_2、Si_3N_4などのセラミックスを複合化した材料が開発されています。SiCやSi_3N_4を含有するPEEKの摩擦係数は充填剤含有量と共に低下し、摩耗量は充填量が5〜8％程度まで低下した後、充填量の増加と共に増大することが報告されています[16]。

7.1.6　顔料充填ポリマーの動的粘弾性

　動的粘弾性特性と顔料充填量との関係では特に動的弾性率、Tgとの関係を見てみましょう。**図7.14**に充填剤量による動的弾性率の

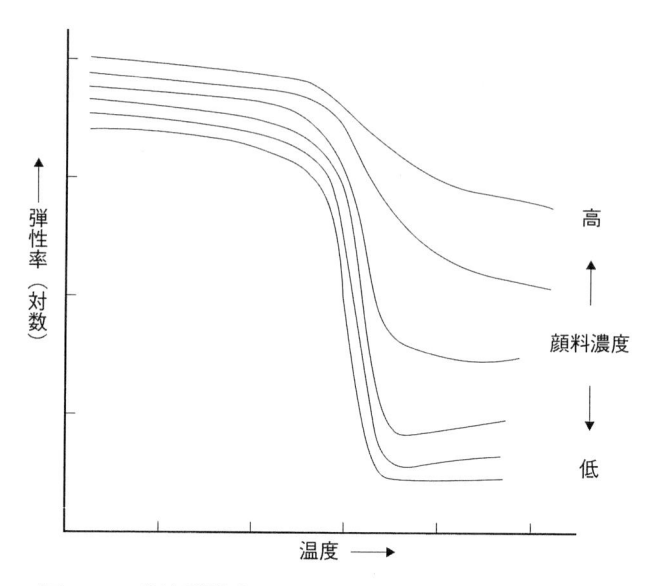

図7.14　動的弾性率に及ぼす顔料濃度の影響の模式図

変化の模式図を示しますが、充填量が少ないうちは同じパターンで増大する弾性率が、ある充填剤濃度から急激に増大することが認められています。

アクリル樹脂塗料に酸化チタンを添加した場合の弾性率の測定例[17]では、初期には弾性率は低温領域（ガラス状態）でも高温領域（ゴム状態）でも充填量の増加と共に増大し、パターンは類似していますが、$\phi=0.45$でゴム領域の弾性率が急上昇し、$\phi>0.55$でほぼ一定の値になることが示されています。この不連続性が発現する顔料濃度がCPVCに対応すると考えられます。同様の報告がメラミン・アルキド樹脂塗料でも報告されています[18]。

こうした動的弾性率の変化は、顔料の形状にも大きな影響を受け、例えばアルキド・メラミン樹脂塗料に同じPVCの顔料を添加した場

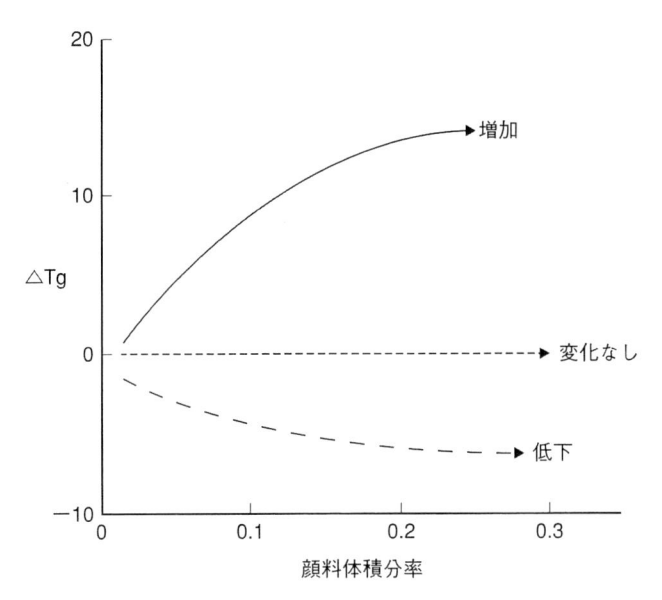

図7.15 顔料充填量によるTgの変化の模式図

合、E'の増加率はタルク≧グラファイト≫酸化チタンになっています[14]。

　ガラス転移温度Tgは材料の物性を知るうえで大変重要な指標です。Tgに及ぼす顔料濃度の影響をΔTg（$= Tg_C - Tg_P$）として図7.15の模式図に示しますが、顔料濃度の増加によってTgが増加する場合、変化がない場合、低下する場合が認められています。動的粘弾性挙動がポリマーのみに依存すると考えると、tanδピークの位置、すなわちTgは顔料の添加によって変化せず、高さは顔料添加量の増加と共に低下することになります。

　各種のアクリル樹脂系、およびエラストマー樹脂系に充填剤を加えた系のΔTgをまとめた報告[19]では、充填剤添加量とガラス転移温度の関係はまちまちです。例えば、PMMA／ヒュームドシリカ、

PMMA／マイカなどは充填剤添加量によってTgが増加し、ポリジメチルシロキサン／ヒュームドシリカ、SBR／カーボンブラックなどは変化がなく、ポリアクリル酸／ヒュームドシリカなどは低下することが読み取れます。このことは、ポリマーと顔料間に相互作用があるかどうかに依存し、顔料にポリマーが吸着してその可動性が拘束される場合はTgは上昇し、このTgの上昇はポリマーに接触する顔料表面積と充填量に比例することになります。

また、Tgの上昇は顔料への樹脂の吸着を橋架け密度の上昇と考える考え方にもよく適合します。橋架け密度ρとTgの間には次の柴山[20]の式があります。

$$Tg = K_1 \ln K_2 \rho$$
$$= K_1 \ln K_2 / M_c \quad (7.24)$$

ここで、K_1：橋架け点における束縛の強さに関連する定数、K_2：分子鎖の剛直性と鎖間の相互作用の強さに依存する定数、M_c：架橋間分子量です。

損失弾性率E"の場合も、粒子・ポリマー界面でポリマー・セグメントの動きが拘束されることによってE"が上昇すると考えると、E"の変化は粒子へのポリマーの吸着の強さと密度が関連することになります。

7-2 ▶▶▶ 顔料充填で変わるその他の性質

7.2.1 臨界顔料体積濃度（CPVC）とは

　顔料を樹脂中に充填していくと、顔料量が樹脂量に対して少ない場合は樹脂中に分散された状態で顔料が分布しますが、顔料量の増加によって樹脂が顔料粒子を包み、なおかつ顔料間の空隙を埋めるぎりぎりの量になる状態になります。このときの顔料量を臨界顔料体積濃度（CPVC：Critical Pigment Volume Concentration）といいます。

　顔料はそれぞれ密度が異なるので、この場合、重量濃度でなく体積濃度が合理的です。さらにそれ以上の顔料濃度になると、樹脂が顔料をつなぎとめる状態になり、顔料間に空隙が発生します。したがって、この臨界顔料体積濃度を境にしてポリマーの物性は大きく変化することになり、**図7.16**に示すようにCPVCは顔料充填の大切な指標になります。例えば弾性率、強度、内部応力などは顔料濃度の増加に伴って増加し、CPVCを境に低下します。また、光沢はCPVCを境に低下し、吸水量や透過性は増大します。

7.2.2 顔料充填ポリマーの接着性

　接着剤や塗料などでは素材への接着性は大変重要な特性です。
　接着は、主として、ポリマーが素材表面に拡散し、ポリマーと素材間の距離が数Å以下になると、両者の間にファンデルワールス力や極性基間の水素結合力などが働くと考える拡散吸着の考え方で説

顔料充填状態

<CPVC　　　PVC＝CPVC　　　CPVC<

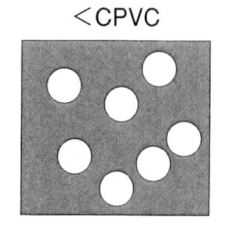

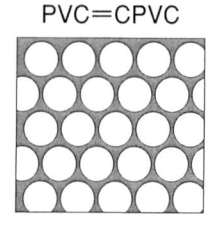

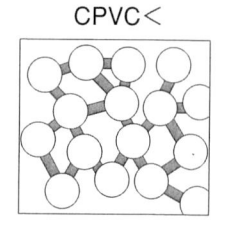

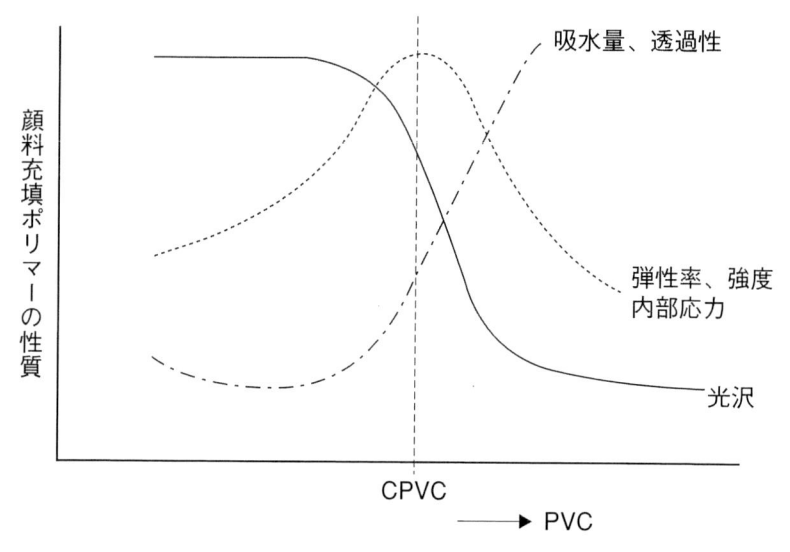

図7.16　CPVCとポリマーの性質

明されます。また、接着に影響を与える因子には、①素材へのぬれ、②ファンデルワールス力以外の素材と接着剤間の水素結合や一次結合の有無、③脆弱境界層の存在、④内部応力の大きさ、⑤素材表面の凹凸による投錨効果、などがあげられており複雑です。

　ポリマーの接着力は充填剤を含有することによって変化し、接着力を向上することが可能です。DGBEA型エポキシ樹脂にアルミナ、

アルミニウム、タルク、雲母を加えた系の引張せん断付着強度は充填剤量に対しピーク値を持ち、特にアルミナが50phr（樹脂100部に対する充填剤部）程度の添加量で無添加の場合の3.5倍程度の接着強度を示すことが知られています[21]。

塗料の接着性に及ぼす顔料効果も多く検討されており、樹脂系、顔料系の違いにより値は異なりますが、接着力は顔料濃度に対しピークを持つことが報告されています。接着強度が顔料濃度によって上昇しピーク値を持つのは、プラス因子として顔料効果によってポリマーが強靭になること、およびマイナス因子としてポリマー量の低下によって付着活性点が低下することのほか、内部応力が変わること、外力がかかったときの応力分散がなされることなどの総和としての結果と考えられます。

7.2.3　顔料充填ポリマーの内部応力

内部応力はプラスチックの変形やわれを引き起こします。

塗料やインキでは膜形成時の溶剤蒸発による体積収縮、硬化による体積収縮、あるいは焼付け後の冷却過程での素材と有機塗膜間の熱膨脹係数の差による熱収縮が発生します。体積収縮による内部応力はTg以上の温度では緩和されますので、基本的にポリマーがガラス状態のときのエネルギー弾性に基づくものと考えられます。

塗膜の内部応力と顔料濃度の関係は古くから研究されており[22]、ベンジルセルロース樹脂塗料やメラミン・アルキド塗料では顔料充填量の増加と共に内部応力は増加しますが、これは弾性率の増大によるものです。一方でタルク、アルミニウム顔料などの扁平顔料を

用いた場合は、これらの顔料は膜面に平行に配列し膜方向の膨張、収縮を拘束して、弾性率補強効果があるにもかかわらず、内部応力が変わらないか、低下傾向が見られることが報告されています。

ポリイソブチルメタクリレート樹脂に4種の顔料を添加した系の内部応力は顔料充填量に対しピーク値を示しますが、顔料種によってその顔料濃度と内部応力値が異なります[23]。報告では内部応力の大きさは、酸化チタン＞赤色酸化鉄＞黄色酸化鉄＞タルクの順になっており、扁平顔料のタルクは内部応力抑制効果があることがわかります。

また、内部応力のピーク値の顔料濃度がCPVCに対応します。CPVC＞PVCの内部応力の増加は主として顔料による弾性補強効果に依存し、CPVC＜PVCでの内部応力の低下は膜の不連続性による弾性率の低下に依存します。顔料種による内部応力の違いも重要です。これは顔料の比表面積の違い、酸／塩基の違いによる吸着の強さの違いによると考えられます。

7.2.4　顔料濃度と吸水性、透水性

顔料／ポリマー界面の吸着の良否によって吸水量は異なった挙動をとります。フンケ（Funke）[24]は顔料を含む膜を水に浸漬して吸水させた場合、顔料濃度とバインダー樹脂の吸水率Q_Bの関係は3つのパターンに分類できることを示しました。これを模式的に**図7.17**に示します。

① Ⅰの場合

吸水率Q_Bは顔料濃度に無関係か、あるいは顔料濃度と共に低下す

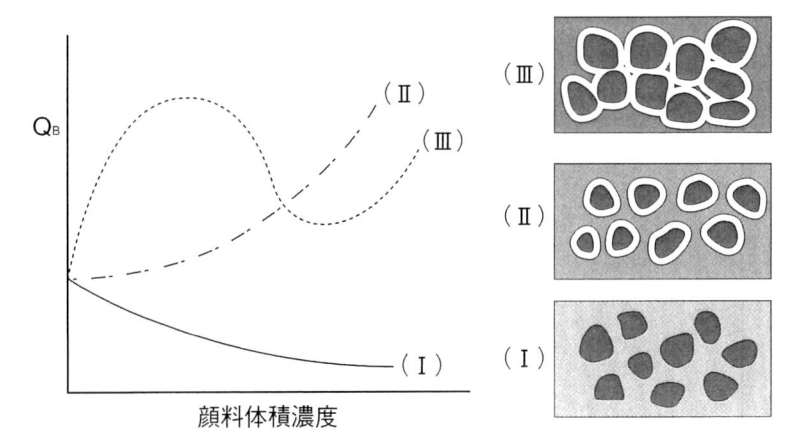

図7.17 バインダー樹脂の吸水率に及ぼす顔料体積濃度の影響の模式図

る場合で、顔料・ポリマー間の接着力が水の浸入を防ぐほど強いことを示しています。

② Ⅱの場合

Q_Bは顔料濃度の増加と共の増大する場合で、ポリマーによる吸水と、顔料／ポリマー間界面への吸水が同時に進行する場合です。

③ Ⅲの場合

顔料・ポリマー界面に溶解性物質が存在する場合、吸水量は極めて高くなり、CPVC以下で吸水量の最大値が見られます。最初のQ_Bの上昇は溶解性物質によって起こる浸透圧によるもので、ピーク値以降の低下は顔料粒子の接近・接触によるもの、さらに高PVCでの上昇は多孔質ポリマー膜の毛細管によるものと考えられます。

図7.18[25]にアクリル樹脂粉体塗料に酸化チタンを充填した場合の分散方法の違いによる塗膜の吸水率の違いを示します。Aは全配合をエクストルーダーで2パスしたもの、Bは硬化剤を除く成分を熱

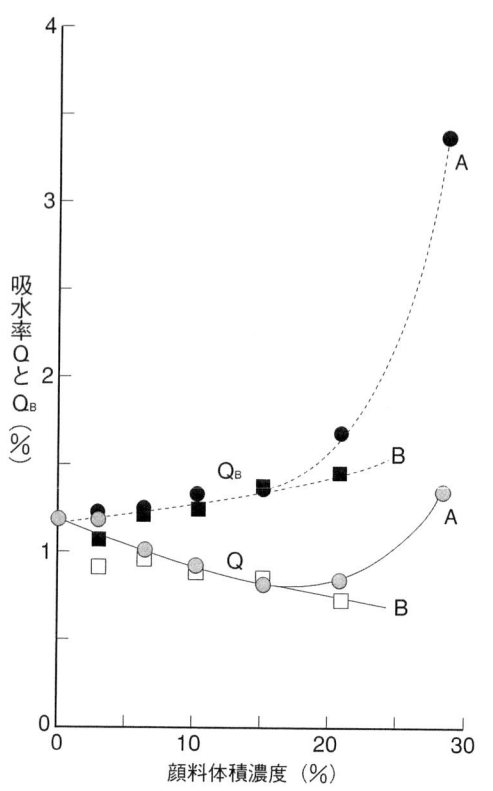

(Q：塗膜の吸水率、Q_B：樹脂成分に対する吸水率)
A：全成分をエクストルーダー2パス
B：硬化剤を除く成分を熱ロール分散、粉砕後、硬化剤を加えエクストルーダー2パス

出典：中道敏彦・塗装化学、21,58（1986）

図7.18　アクリル粉体塗料の酸化チタン充填量と吸水率の関係

ロールで分散、粉砕後、硬化剤を加えてエクストルーダーで2パスしたものです。AではPVC＞15％で顔料／樹脂界面の接着性が不十分になり吸水率が増大することがわかります。

　膜の透水性についてもフンケのコンセプト提示があります[26]。ポリマー／顔料界面の接着が良好な場合、図7.17の（Ⅰ）と同様、透水速度は顔料濃度の増加によって低下傾向を持ちます。これは顔料によって透過経路が長くなるためです。

しかし、ポリマー／顔料界面の接着性が不十分な場合、水の透過はポリマー中だけでなく顔料／ポリマー界面でも起こります。この場合、透水速度はポリマー中の速度よりはるかに大きいことが知られています。したがって透水速度は図7.17の（Ⅲ）と同様のパターンを示し、あるPVCまでは透水速度が増大し、それ以上のPVCでは顔料の迂回効果（顔料による障壁効果）によって透水速度は低下し、さらにそれ以上のPVCでは膜の不連続性のために再び透水速度が上昇すると考えられます。

ちょっと一息(7) 色の話・白と黒

　白と黒、そしてその中間色である灰色は彩度を持たない色、無彩色であり、明度が異なる色です。「白黒はっきりしろ」、「それはグレーゾーンですね」というようにも使われます。白は光輝く真夏の太陽を直接見たときの色、黒は光が途絶えた闇の色で、白は輝きそのものを、黒は夜、闇、死を連想させる色です。

　　白焔に冬日の玉の隠れ燃ゆ　　　　　　　　　　　　松本たかし

　黒い顔料は人類が火を手に入れたことで容易に手に入れることができたであろうと推測できます。ラスコーの壁画では骨を焼いた黒顔料が使われていたことがわかっています。また、兵馬俑では黒として松煙が用いられています。松煙は松を燃やしてとる煤(すす)で、膠と混ぜ墨(にかわ)にも用います。この墨の技術は漢時代に確立されたと考えられています。

　一方、白顔料はポンペイや兵馬俑では石灰石（$CaCO_3$）、白亜、白土（$Al_2O_3 \cdot 2SiO_2 \cdot 2H_2O$）、鉛白（$2PbCO_3 \cdot Pb(OH)_2$）が使われ、7世紀末の高松塚古墳では牡蠣の貝殻を焼いて粉にした胡粉(ごふん)が使われています。胡粉は日本画にとってはなくてはならない白顔料です。ちなみに奈良時代に中国から入ってきた胡粉は胡の粉、すなわち中国の西方からの粉と呼ばれましたが、中身は鉛白です。亜鉛華や酸化チタンが用いられるようになるのは近代に入ってからです。

　ところで日本人が感じる最も優雅な色は①さえた赤紫、②明るい紫、③ごく薄い紫、という順ですが、ロシアでは①白、②ごく薄い青緑、③ごく薄い青紫、フランスでは①黒、②さえた赤紫、③暗い青緑、アメリカでは①黒、②白、③金、という具合で、欧米では、①黒、②白、③ごく薄い赤紫が多くなっています（21世紀研究会編『色彩の世界地図』2003、文藝春秋）。黒、白は表現しにくい色であると共に侮れない色です。

　黒を用いた画家では何といってもゴヤの黒い絵の14の連作があげられるでしょう。雰囲気はまったく別世界ですが、日本の水墨画にも素晴らしい作品が多く、例えば長谷川等伯の「松林図屏風」をあげることができます。

活躍する顔料分散技術

8-1 ▶▶▶ 色材分野における顔料分散

8.1.1 塗料に欠かせない要素技術

着色顔料は色材分野である塗料、インキ、トナー、インクジェット用インク、絵具、化粧品あるいはプラスチックの着色などに用いられ、顔料分散技術はこれらの分野においては大変重要な要素技術になっています。

塗料の原料構成を図8.1に示します。ほとんどの塗料は着色顔料を含むエナメル塗料として用いられています。樹脂、硬化剤、溶剤成分をまとめて展色料という意味のビヒクルと呼びます。通常はこのビヒクルによって顔料分散をすることになります。塗料のタイプには溶剤型塗料、水性塗料、粉体塗料があり、それぞれ顔料分散の方法に違いがありますが、顔料分散は塗料製造上の最も重要な要素

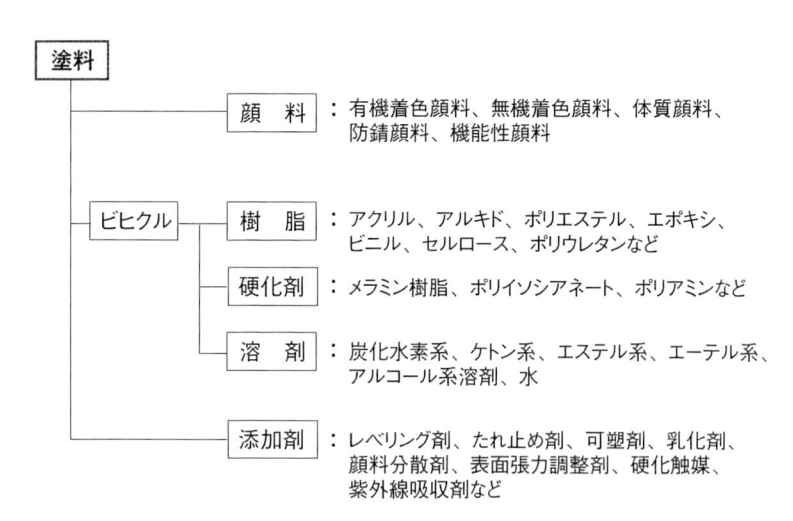

```
塗料 ─┬─ 顔  料  ：有機着色顔料、無機着色顔料、体質顔料、
       │           防錆顔料、機能性顔料
       │
       └─ ビヒクル ─┬─ 樹  脂  ：アクリル、アルキド、ポリエステル、エポキシ、
                    │           ビニル、セルロース、ポリウレタンなど
                    │
                    ├─ 硬化剤  ：メラミン樹脂、ポリイソシアネート、ポリアミンなど
                    │
                    ├─ 溶  剤  ：炭化水素系、ケトン系、エステル系、エーテル系、
                    │           アルコール系溶剤、水
                    │
                    └─ 添加剤  ：レベリング剤、たれ止め剤、可塑剤、乳化剤、
                                顔料分散剤、表面張力調整剤、硬化触媒、
                                紫外線吸収剤など
```

図8.1 塗料の原料構成

技術です。水性塗料は有機溶剤を水に置き換えた塗料であり、粉体塗料は溶剤を含まない塗料です。

（1）溶剤型塗料

　溶剤型塗料に用いられる樹脂成分は建築用、自動車用、汎用、重防食用、金属用、木工用などの用途に応じて極めて多種多様で、アルキド樹脂、ポリエステル樹脂、アクリル樹脂、エポキシ樹脂、ポリウレタン樹脂、ビニル樹脂、セルロース樹脂など枚挙にいとまがありません。例えばエポキシ樹脂は金属に対して接着力が高く強靭な膜を形成するので金属用下塗り塗料に、アルキド樹脂は耐候性があり柔軟性に富むため汎用・金属用上塗りに、アクリル樹脂は透明感があり耐候性に優れるため自動車上塗りに、というように用いられています。

　塗料用樹脂には溶剤の蒸発によって固体膜になる熱可塑性樹脂と、主剤である樹脂と硬化剤の反応（架橋反応）によって硬化する熱硬化性樹脂があります。熱硬化性樹脂の硬化剤として代表的なのに、ポリオールと反応させる焼付け塗料用のメラミン樹脂、常温硬化用のポリイソシアネート、エポキシ樹脂と反応させるポリアミンなどがあります。

　塗料はさまざまな素材に塗ることによって素材の保護と美観の付与をする材料です。顔料は着色および塗膜強度のためにも大変重要です。顔料の選択は着色力、隠ぺい力、光沢などの光学的性質、顔料分散性、および耐候性、耐熱性、耐薬品性などの耐久性、安全性を考慮して選択します。塗料では耐候性は特に重要で屋外使用環境下では光、雨などの作用によって塗膜が劣化し変色、光沢低下、チ

ョーキング（表面がチョークの粉を吹いたようになる現象）などを生じます。自動車用途では特に耐候性を厳しく確認して使用しています。また、顔料には錆止めを目的とした亜鉛末や種々の防錆顔料、特殊な色彩効果を発現するための着色マイカやシリカフレークなどのフレーク顔料、さらに蛍光、示温、導電、磁性、遮熱、潤滑などの機能性を付与するための顔料が用いられ、その種類は多岐にわたります。

　図8.2に塗料の製造工程を示します。溶剤型塗料における顔料分散は基本的にはディゾルバーによる予備混合の後、サンドグライン

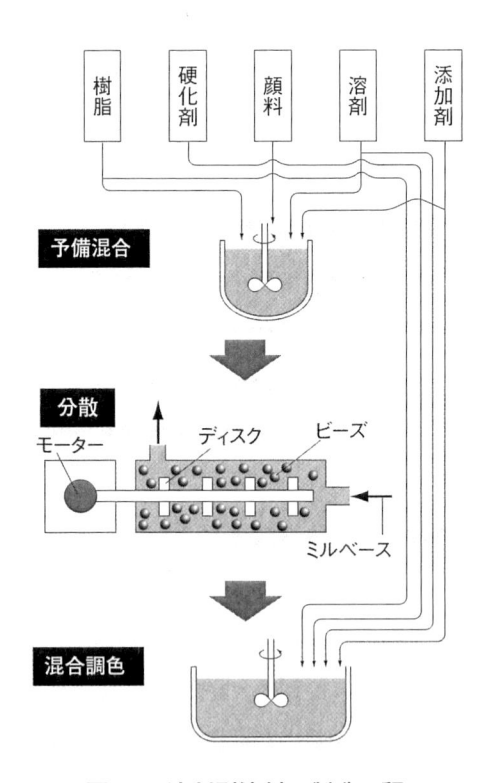

図8.2　溶剤型塗料の製造工程

ダーやビーズミルによる分散が行われます。ボールミル、アトライターも一部で使用されています。ミルベース配合は3.1.3節で述べたフローポイントの考え方を用いて決定します。

工業用塗料や自動車塗料などの高い品質を求められる塗料では、各顔料ごとに分散ベースを作製し、レットダウンと調色（最終製品の色になるように色を合わせること）を行い、塗料を調製します。顔料分散に当たっては、各原料の酸／塩基の組合せや溶解性パラメーターの考え方などを考慮しますが、塗料では調色にさまざまな種類の顔料を用い、樹脂、添加剤、溶剤も多種類の材料を組み合わせて使用するため、顔料分散の安定性を予知することは容易ではありません。

（2）水性塗料

環境問題の高まりと共に水性塗料が増加してきています。水は有機溶剤と異なり環境対策上は理想的な媒体ですが、塗料化のための樹脂の親水化による塗膜性能の低下や、塗装作業性上のわき、はじき、たれなどのさまざまな課題を克服する必要があります。顔料分散では顔料へのぬれの改良や、顔料を顔料分散剤であらかじめ分散してそれをエマルション樹脂と混合するなどの工夫が必要になりますが、製造工程は基本的には溶剤型塗料に似た工程で製造されます（2.1.8節参照）。

（3）粉体塗料

粉体塗料は溶剤を含まない塗料です。熱硬化性粉体塗料用樹脂にはアクリル樹脂、エポキシ樹脂、ポリエステル樹脂、エポキシ・ポ

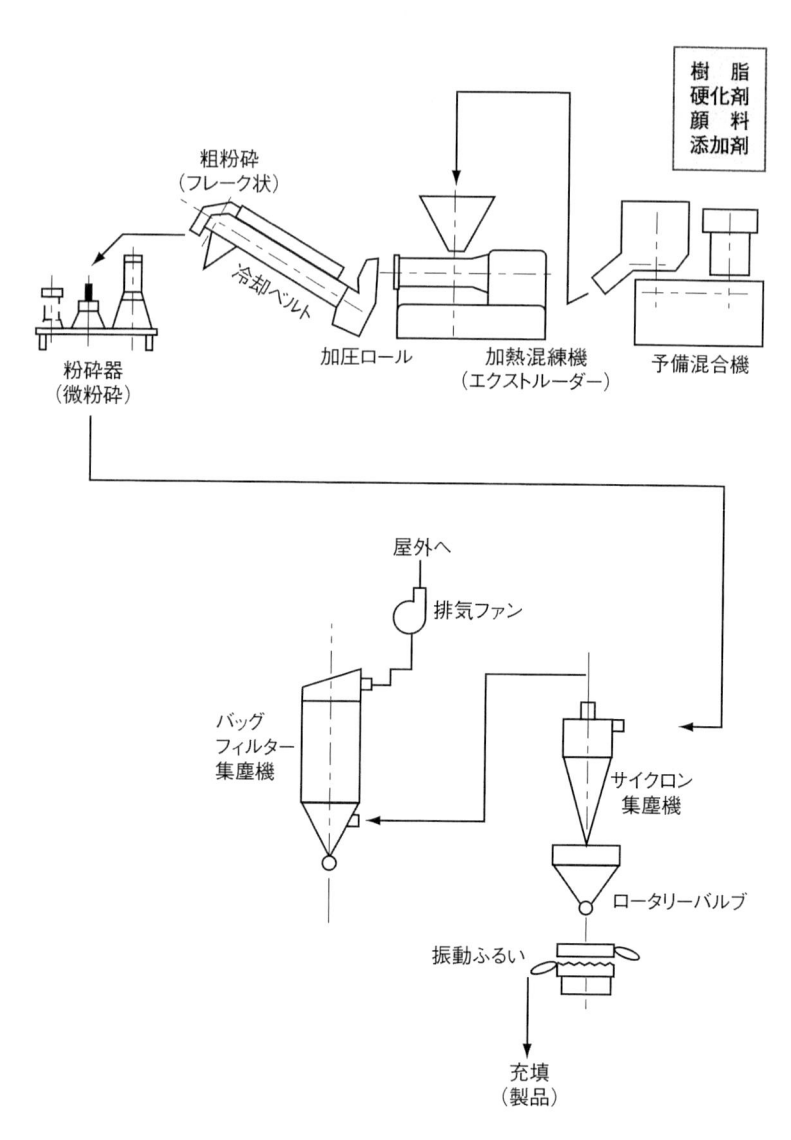

出典：日本パウダーコーティング協同組合編・粉体塗装技術要覧　p29（2005）塗料報知新聞社

図8.3　粉体塗料の製造工程

リエステル樹脂があります。粉体塗料の顔料分散は固体の樹脂、硬化剤、顔料、添加剤をヘンシェルミキサーなどの高速攪拌機で予備混合し、エクストルーダーと呼ばれる押出機型のニーダーで溶融混練します。ニーダーの温度は樹脂が溶解し、かつ内部圧が低下しない温度、あるいは硬化反応が進まない温度（100～105℃程度）に設定します。ニーダーから吐出した溶融体は冷却、粉砕、分級されて粉体塗料になります。**図8.3**[1]に製造工程図を示しますが、分散は高粘度、短時間でなされるため必ずしも十分とは言えません。

アクリル粉体塗料に酸化チタンを分散するとき図7.18に示した方法で分散方法を変えた場合、塗膜の弾性率や引張特性、吸水性に大

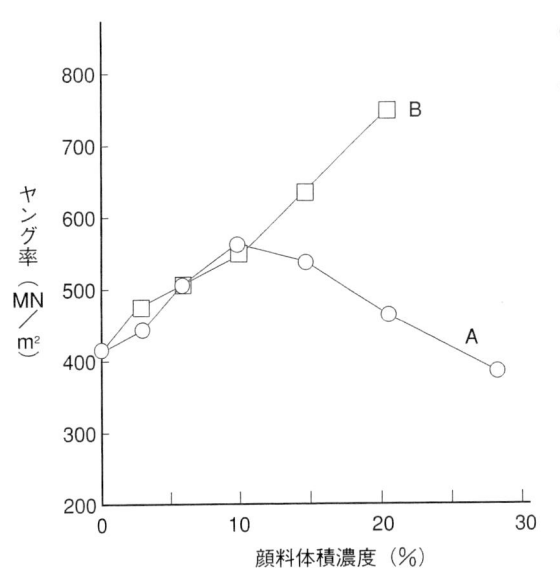

出典：中道敏彦・塗装工学、21,58（1986）

図8.4 アクリル粉体塗料/酸化チタン系の分散方法による塗膜の弾性率の変化

きな差が生じます。例えば、弾性率は**図8.4**[2]のようになり、この弾性率補強効果は7.1.2節で述べた佐藤の理論でよく説明できます。また、分散方法Aの弾性率のピーク値のPVCは図7.18の吸水率曲線のPVCとよく対応することがわかります。

　粉体塗料の調色は、あらかじめ予備検討によって決定しておいた配合での計量調色でなされ、後工程による微妙な色合わせはできません。こうした顔料分散や調色の問題を解決するため、溶液分散した塗料をスプレー・ドライする方法、アセトン溶液の塗料を多量の水中へ投入し粒子を得る方法、超臨界二酸化炭素溶液からスプレーで粒子を得る方法などが検討されていますが、残留溶剤、コスト面での問題があります。

8.1.2　リキッドインキ、ペーストインキと顔料分散

　インキの構成成分を**図8.5**に示しますが、インキは塗料と同様、さまざまな樹脂、油、着色料、溶剤、添加剤から構成されます。バインダー樹脂は用途に応じフェノール樹脂、アルキド樹脂、硝化綿、マレイン酸系樹脂、ポリウレタン樹脂などさまざまな樹脂が用いられます。

　耐候性が重視される塗料では染料を用いることは極めて少ないのですが、インキでは着色料として染料と顔料の両方を使います。顔料も多様な用途に合わせ多種類の顔料が用いられます。

　しかしながら、印刷では色の3原色を用いたプロセス印刷用のプロセスインキが圧倒的に多く使用されています。これは、基本色である黄、紅、藍の3原色としてジスアゾエロー（Pigment Yellow

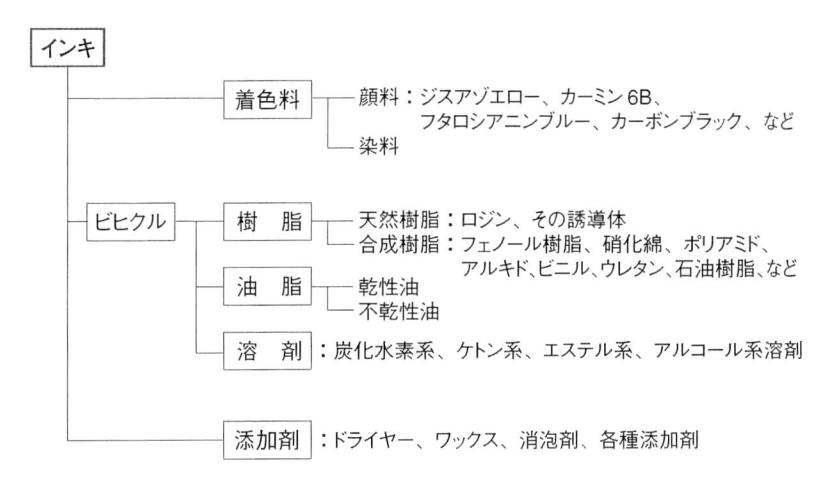

```
インキ ─┬─ 着色料 ─┬─ 顔料：ジスアゾエロー、カーミン6B、
        │         │        フタロシアニンブルー、カーボンブラック、など
        │         └─ 染料
        │
        ├─ ビヒクル ─┬─ 樹　脂 ─┬─ 天然樹脂：ロジン、その誘導体
        │            │          └─ 合成樹脂：フェノール樹脂、硝化綿、ポリアミド、
        │            │                        アルキド、ビニル、ウレタン、石油樹脂、など
        │            ├─ 油　脂 ─┬─ 乾性油
        │            │          └─ 不乾性油
        │            └─ 溶　剤 ：炭化水素系、ケトン系、エステル系、アルコール系溶剤
        │
        └─ 添加剤 ：ドライヤー、ワックス、消泡剤、各種添加剤
```

図8.5　インキの原料構成

12)、ブリリアントカーミン6B（Pigment Red 57-1）、β-フタロシアニンブルー（Pigmemt Blue 15-3）のインキを用いた印刷で、この内の各2色の組合せで赤（橙）、緑、紫の2次色を出します。黒についてはカーボンブラック（Pigment Black 7）と色調調整用アルカリブルートーナー（Pigment Blue 18）でつくられた墨インキを用い、この4色で印刷する方式です。もちろん、用途によっては上記顔料のみでなく同系統の色調の他の顔料も用いられます。

　表8.1[3]に印刷の版式と対応する印刷インキを示します。印刷方式によってそれぞれ特徴がありますが、粘度を見ると大きく分けて高粘度インキと低粘度インキに分けられます。凸版用フレキソインキおよび凹版用グラビアインキが低粘度インキでリキッドインキと呼ばれます。その他の凸版輪転インキ、平版用オフセットインキ、孔版用スクリーンインキなどの高粘度インキはペーストインキと呼ばれます。

表8.1 印刷インキの主原料と粘度

版式	印刷インキ	顔料分(%)	樹脂	溶剤	粘度(Pa·s)
凸版	凸版輪転	10〜20	ロジン変性フェノール アルキド	石油系炭化水素	1〜20
	アルコールフレキソ	5〜40	硝化綿 ポリアミド	アルコール	0.05〜1
	水性フレキソ	5〜40	マレイン酸系 アクリル系	水 アルコール	0.05〜1
平版	枚葉	5〜60	ロジン変性フェノール	石油系炭化水素	10〜80
	オフセット輪転	5〜50	ロジン変性フェノール 石油	石油系炭化水素	5〜50
	オフセット新聞	10〜30	ロジン変性フェノール 石油	石油系炭化水素	2〜10
凹版	出版グラビア	5〜30	硬化ロジン 石油	芳香族炭化水素	0.05〜1
	特殊グラビア	5〜40	硝化綿 ポリアミド ウレタン	アルコール ケトン エステル	0.05〜1
	建材グラビア	5〜60	硝化綿 塩化ビニル ウレタン	アルコール ケトン エステル	0.05〜1
孔版	謄写版	10〜25	マレイン酸系 アクリル 石油	鉱物油	0.1〜5
	スクリーン	10〜50	塩化ビニル アルキド エポキシ	アルコール ケトン エステル	1〜20

出典:小林永年、他(伊藤征司郎編)・顔料の事典、p469(2000)、朝倉書店

(1) リキッドインキ

　リキッドインキの顔料分散は塗料の製造とまったく同様で、ディゾルバー等で予備混合したミルベースをビーズミル、多くはサンドグラインダーで分散するものです。分散に当たってフローポイントによるミルベース組成の決め方や、分散性を向上するための酸/塩基、あるいは溶解性パラメーターの考え方の活用といった点でも塗料における顔料分散とまったく同じです。

　リキッドインキの代表例であるグラビアインキは紙、ポリプロピレン、ポリエチレン、セロファン、ナイロン等のさまざまな素材への印刷に対応するため、樹脂成分に硬化ロジン、塩素化ポリプロピレン、ポリアミド、硝化綿、ポリウレタン樹脂などを用いた各種のインキが必要になり、色もさまざまで多品種少量生産にならざるを得ません。顔料分散にはサンドグラインダーのほか、アトライター、ボールミルも用いられ、必要に応じ顔料を加熱2本ロールで分散したカラーチップを用いることもあります。さらに、顔料と顔料分散剤で高濃度に分散した共通ベースを用いて各種のグラビアインキ用

着色ベースに用いることも検討されています。

(2) ペーストインキ

　一方、ペーストインキは**図8.6**[4]に示すように、ニーダーなどで予備混合した顔料ベース、あるいはフラッシングした顔料を用い、3本ロールで分散する方式をとります。予備混合は粉体顔料そのものを用いる場合には特に重要で、ビヒクルと顔料を均一に混合し、顔料表面のぬれ、樹脂吸着を行うことが必要です。ペーストインキの代表例であるオフセットインキでは、フラッシングによってジスアゾエロー、カーミン6B、レーキレッドC、アルカリブルートーナーなどのカラーベースインキを製造し、着色力や透明度の向上に寄与しています。フタロシアニンブルーはフラッシング法では十分な

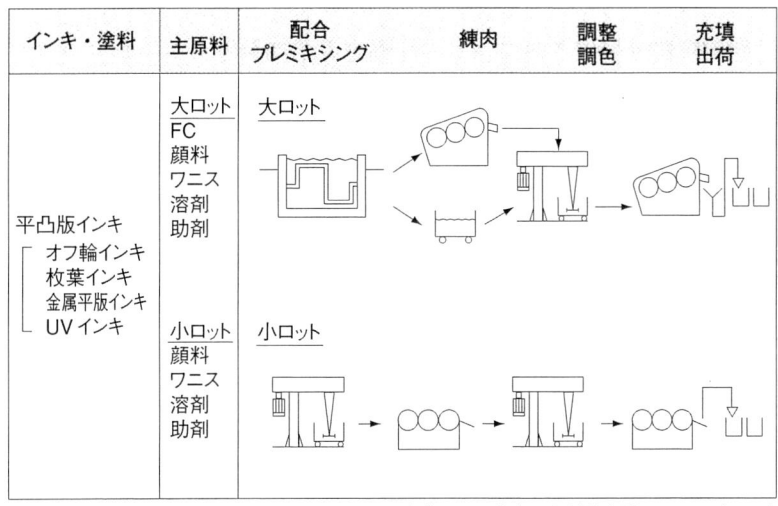

出典：野口典久・色材協会誌、71、57（1998）

図8.6　ペーストインキ（高粘度インキ）の製造工程

分散が得られないためフラッシング法は使用されません。フラッシングについては4.1.2節を参照ください。

　ペーストインキは有機溶剤量が少なく、かつケトン、エステル、芳香族炭化水素系溶剤が少なく、また低沸点溶剤を用いないことから環境対応型インキとして使用量が増加し、現在、印刷物の多くはペーストインキで印刷されています。

　インキは薄膜で用いるため顔料含有量が高く、かつ、光沢、透明性、着色力向上のために高い分散度を要求されます。前述の3原色の場合、顔料粒子径が藍では0.2～0.5μm、紅では0.4～0.7μm、黄では0.3～0.5μmのときに最も濃度感が高くなることが指摘されています[4]。

8.1.3　粉砕トナー、重合トナーと顔料分散

　事務機器の発展と共に多くの印刷方式が開発されていますが、トナーはコピー機などのレーザープリンター用の粉体状の着色剤です。コピー機では原稿を読み取り、それを光信号に変え、帯電した感光ドラムにレーザービームの光量の違いとして照射します（露光）。光が照射された部分と非照射部分の電荷の違いによって、トナーの付着量が異なり（現像）、紙の表から逆電荷をかけてトナーを紙に転写し、熱で定着する方法をとります。

　カラーコピーでは基本的にイエロー、マゼンタ、シアニンの3原色と黒のトナーを用います。例えば、ジスアゾエロー（Pigment Yelow 12）、ブリリアントカーミン6B（Pigment Red 57-1）、キナクリドン（Pigment Red 122）、銅フタロシアニン（Pigment Blue

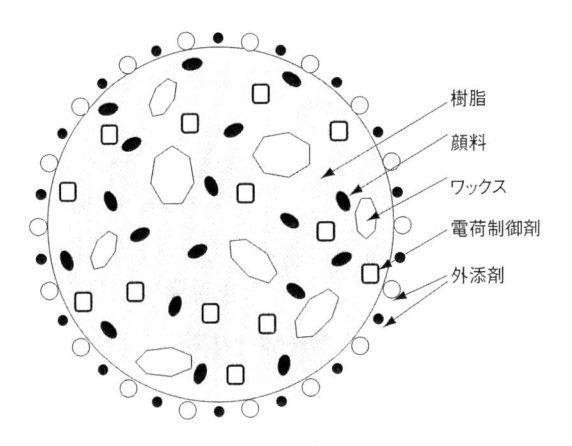

図8.7　トナーの成分モデル図

樹脂
顔料
ワックス
電荷制御剤
外添剤

15-1)などと黒顔料のカーボンブラックおよび色調整用青顔料です。トナーは**図8.7**のように樹脂成分、電荷制御剤、ワックスなどの離型剤、顔料から構成され、粒子表面にトナーの流動性を向上するためのシリカ粉末が添加されています。ワックスは定着過程で樹脂よりも早く溶融し、定着ロールへの付着を防止します。

　トナーの製法には粉砕トナー法と重合トナー法があり、現在は粉砕トナーが多く用いられていますが、重合トナーが増加しています。

(1) 粉砕トナー

　図8.8（A）[5]に粉砕トナーの製造プロセスを示します。粉砕トナーではポリエステル樹脂などの樹脂に顔料、電荷制御剤、離型剤などをヘンシェルミキサー等で予備混合し、スクリューエクストルーダー、ニーダー、バンバリーミキサーなどで分散します。冷却後、ハンマーミルなどで粗粉砕し、さらにジェットミルで微粉砕し、分級した後、流動性付与のためのシリカ粉などを加えて混合しカート

(A) 粉砕トナーの製法

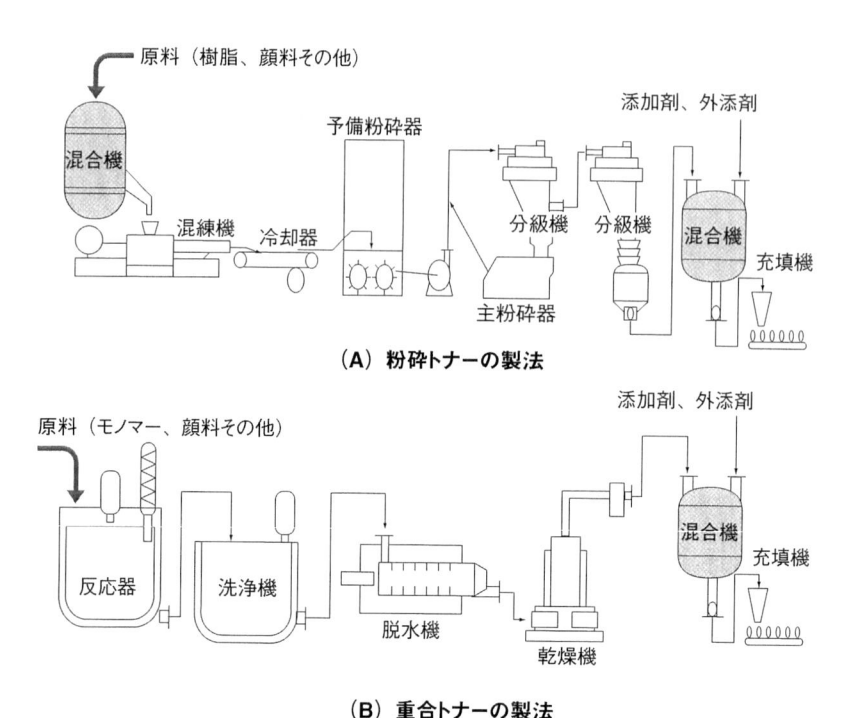

(B) 重合トナーの製法

出典：上山雅文・電子写真トナーおよび構成材料の開発と高画質化、フルカラー化、p197（1998）技術情報協会

図8.8　トナーの製造プロセス

リッジに詰めます。ニーダー分散では全組成を分散するのではなくマスターバッチ方式がとられています。

（2）重合トナー

　粉砕トナーでは球形粒子が得られず粒子の流動性が劣ること、また より微細で高い解像度を得ることや帯電性の向上のために重合トナーが実用化されています。これは懸濁重合や乳化重合によって粒子径の揃った球形トナーを得ようとするものです。重合法については5.1.2、5.1.3節を参照ください。

重合トナーで現在主流なのが懸濁重合法によるトナーです。これはビニルモノマーに顔料、電荷調整剤、離型剤などの成分を分散・混合し、水中で分散安定剤存在下、モノマー液滴を重合して乾燥しトナーを得る方法です。製造工程を**図8.8**（B）[5]に示します。モノマー中へのカーボンブラック等の顔料分散は分散剤を用いてビーズミルなどで行い、これを重合します。樹脂成分としては主としてアクリル・スチレン共重合体が用いられます。得られるトナーの粒径は7〜10μm程度です。

　乳化重合法ではまずビニルモノマーを重合し、サブミクロン程度の粒径のエマルションポリマーを得ます。これに別途、分散剤によって分散した顔料分散体を加え、両者を適度に凝集させてトナーをつくります。この際、エマルションと顔料分散用の界面活性剤の極性を逆にすることで、凝集を進める方法などを用います。

8.1.4　インクジェット用インクと顔料分散

　インクジェットプリンターはパソコンの普及と共に工業用、オフィス用、一般家庭用として広く用いられています。インクジェットはピエゾ方式、あるいはバブルジェット方式と呼ばれる方式によって、ノズル径10〜50μmの微小ノズルから液滴を印刷物に吐出して印刷するものです。

　こうしたインクジェット用インクには主として分散の必要がない染料が用いられていますが、屋外用途を中心に耐水性、耐光性に優れる顔料を用いるインクが使われてきています。インクジェット用インクの構成は顔料2〜5％、分散剤（界面活性剤、樹脂）1〜

3％、湿潤剤（グリコール類）10〜20％、pH調整剤（アミン）0〜1％、防かび剤0〜1％、水80〜90％のようになっています[6]。

　顔料インクは水性分散系で、鮮明で透明感を出すために一次粒子に近づくまで分散することが要求されます。顔料分散体の平均粒径は100nm以下、最大粒径は200nm以下で、しかも2〜5 mPa·sという低粘度で安定性が良好な分散体が求められます[6]。顔料の分散は通常ビーズミルで行われますが、分散メディア、ベッセル、ディスクの摩耗防止策が大切で、インクジェットヘッドの目詰まりなどの原因になります。用いる分散剤は、顔料表面に吸着しやすい疎水基と、水に親和性があり粒子を安定化する親水性基を持つものが必要になります。インクジェット用インクでは長期間粒子が凝集しないことが求められ、分散安定性は大切な要件になります。

　このような厳しい条件を満たすために、顔料分散が見直されています。その方法には顔料の製造過程の一次粒子を界面活性剤で処理する方法、フタロシアニンブルーやキナクリドンなどの難分散顔料を顔料誘導体処理によって極性基を導入する方法（4.1.7節参照）、自己分散型顔料を用いる方法、顔料を親水性樹脂でカプセル化する方法などがあります。自己分散性顔料は**図8.9**に示すように、アミノ基とカルボキシル基、あるいはスルホン基の両方を持つ化合物を

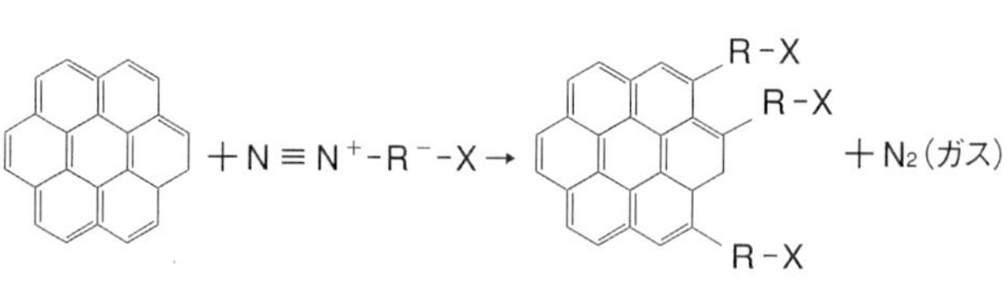

図8.9　自己分散型カーボンブラック（ジアゾ反応による極性基 X：スルホン基、カルボキシル基の導入）

ジアゾ化し、カーボンブラック表面にカップリングさせてカルボキシル基やスルホン基を導入し、この顔料をアルカリで中和することで静電気反発によって分散体を安定化させる方法です[7]。

8.1.5 絵具、文具と顔料分散

絵具は紀元前1万5000年のラスコーの壁画で使用されたように、人類の歴史に欠かせない表現手段の材料です。塗料やインキが一定膜厚に、均一に塗布されることを前提に使用されるのに対し、絵具の使い方は表現者の感性に任されます。

表8.2に油絵具、水彩絵具などの絵具、クレヨン、パステルなどの棒状描画材料に使用されるビヒクルと顔料分散法を示します[8,9]。

(1) 絵 具

油絵具の構成を**表8.3**[10]に示します。顔料は色調、着色力、隠ぺ

表8.2 絵具、棒状描画剤のビヒクルと分散法

分類	項目	ビヒクル	分散法
絵具	油絵具	乾性油(植物性)	3本ロールミル
	アクリル絵具	アクリルエマルション	3本ロールミル、ビーズミル
	水彩絵具	アラビアゴム、デキストリン	3本ロールミル、ビーズミル
	テンペラ絵具	卵タンパク、カゼイン	3本ロールミル
	墨	にかわ	ニーダー
棒状描画材料	クレヨン	油脂、ワックス	熱3本ロールミル
	パス	油脂、ワックス	熱3本ロールミル
	パステル	水溶性樹脂	ニーダー、プラネタリーミキサー
	コンテ	水溶性樹脂	ニーダー、プラネタリーミキサー

出典:亀川学(伊藤征司郎編)・顔料の事典、p489(2000)朝倉書店
亀川学・色材協会誌、75,500(2002)

表8.3　油絵具の構成

顔料	無機顔料	鉛白、亜鉛華、チタン白 コバルト紫、コバルト青、コバルト・クロム青 コバルト緑、コバルト黄 ビリジャン、酸化クロム カドミウム黄、カドミウム赤、銀朱 群青、マンガン紫、ビスマスバナジウム黄 紺青、酸化鉄黄、酸化鉄赤、酸化鉄黒 合成オーカー、天然黄土、天然緑土 シェンナ土、アンバー土 ボーンブラック、カーボンブラック　など
	有機顔料	キナクリドン、ジオキサジン、ペリレンレッド DPPレッド、フタロシアニンブルー、フタロシアニングリーン ジスアゾイエロー、ベンズイミダゾロンカーミン ナフトールレッド、アリザリンレーキ　など
	体質顔料	アルミナホワイト、炭酸カルシウム、硫酸バリウム　など
ビヒクル	乾性植物油	リンシードオイル、ポピーオイル、サフラワーオイル　など
	乾燥剤	鉛、マンガン、コバルト、ジルコニウム　などのドライヤー
	助剤	溶剤、天然樹脂、合成樹脂、脂肪酸、ロウ、硬化油および誘導品、金属石鹸　など

出典：長谷川理一・色材協会誌、75,346（2002）

い力および長期堅牢度が重要で、これらの視点から選択された各種の有機顔料、無期顔料が用いられています。重金属を含む顔料は使用されない方向にありますが、カドミウムエロー（CdS）、カドミウムレッド（$nCdS \cdot CdSe$）、バーミリオン（HgS）、ビリジャン（$Cr_2O_3 \cdot 2H_2O$）などの顔料は長い歴史と共に現在も使用されています。体質顔料は光沢や色調の調整、あるいはキレ、こしと言った表現がなされる粘度調整用として一部に使用されます。

　ビヒクル成分は植物性乾性油が用いられます。乾性油とは空気中の酸素と結合して硬化する油で、アマニ油（リンシードオイル）、けし油（ポピーオイル）、紅花油（サフラワーオイル）が用いられます。アマニ油は堅牢な膜をつくりますが、黄変する傾向があり、白顔料では後二者、特にサフラワーオイルを用います。これにドラ

イヤー（硬化促進剤）および添加剤を加えたもので顔料分散を行います。

　油絵具の顔料分散はミキサーによる予備混合と真空脱泡の後、3本ロールミルで行います。製品の色、粒度、光沢、粘度等をチェックした後、空気、水分等を除去し、密閉して最低1カ月以上放置（熟成）し、顔料とビヒクルをよく馴染ませ、再び3本ロールミルで練肉、チューブ充填して製品になります[10]。

　アクリル絵具は、アクリル樹脂を溶剤に溶かしたものをビヒクルとする絵具も用いられていましたが、現在ではアクリルエマルションをビヒクルとする絵具になっています。

　これは、3本ロールミルなどで顔料ペーストをつくり、アクリルエマルションと混合する方式で、水性塗料などと同じです。添加剤には界面活性剤、増粘剤、消泡剤、防腐剤、グリコール系溶剤などが用いられます。

　水彩絵具には透明水彩、ガッシュ、ポスターカラー、ケーキカラーなどがありますが、いずれも顔料をアラビア・ゴム、あるいはデキストリンと混合したものです。添加剤としてグリセリン、界面活性剤、防腐剤などが用いられます。水彩絵具の顔料分散も主として3本ロールミルで行われます。

（2）棒状描画材料

　油脂、ワックスを含むクレヨン、パスは熱3本ロールで、水溶性樹脂をバインダーとするパステル、コンテはニーダーなどで顔料分散し成型します。

（3）マーキングペン

　サインペン、マーカーとも呼ばれるマーキングペンは、本体胴部分に中芯を入れ、それに低粘度インキを吸収させ、毛細管力でペン先に導く構造をとっています。インキには油性と水性があり、各々、顔料インキと染料インキがあります[11]。

　油性インキは染料、または顔料を樹脂の有機溶剤溶液に溶解、あるいは分散したもので、油性マーカーは染料タイプ、白板用マーカーは顔料タイプです。水性インキは染料、または顔料を水中に溶解、あるいは分散したもので蛍光ペンや筆ペンなどがあります。

8.1.6　メイクアップ化粧品と顔料分散

　化粧品には多くの種類がありますが、大別するとスキンケア、ヘアケア用の基礎化粧品と、美しく装うためのメイクアップ化粧品に分けられます。メイクアップ化粧品は美化、魅力の増加、容貌の変化を目的とする、いわゆる美しく見せるための化粧品です。このメイクアップ化粧品には肌色をよく見せるファンデーションなどのベースメイクアップ化粧品と、口紅、アイシャドウ、ネイルエナメルなどの部分的に美しさを強調するポイントメイクアップ化粧品があります。

　顔料は主としてメイクアップ化粧品の分野で用いられますが、無機顔料の使用量が多く、有機顔料は口紅、アイシャドウ、ネイルエナメルなどに用いられています。化粧品では油性系の基材に分散することが多いため、有機顔料より無機顔料の分散の方が問題が多いと言えます。表8.4[12]に化粧品に用いられる顔料を示しますが、化

表8.4 化粧品に用いられる顔料

種　類		粉末原料
着色顔料	有機	（合成）厚生省令で定められた医薬品に使用することができるタール色素 （天然）β-カロチン、カルミン、クロロフィル、カルサミンなど
	無機	黄色酸化鉄、ベンガラ、黒色酸化鉄、群青、酸化クロム、水酸化クロム、 紺青、カーボンブラックなど
白色顔料		二酸化チタン、酸化亜鉛、酸化ジルコニウムなど
体質顔料		タルク、カオリン、マイカ、炭酸カルシウム、炭酸マグネシウム、 ケイ酸マグネシウム、無水ケイ酸、硫酸バリウム、アルミナなど
パール顔料		雲母チタン、オキシ塩化ビスマス、魚鱗箔、カルサミン処理雲母チタン、 酸化鉄処理雲母チタン、紺青処理雲母チタン
その他		（金属石けん）　ステアリン酸のMg、Ca、Zn塩、ラウリン酸Zn、パルミチン酸Znなど （高分子粉末）　ナイロン、ポリエチレン、ポリスチレン、シリコーンパウダーなど （天然物）　　　シルクパウダー、ウールパウダー、セルロースパウダー、デンプン類など （金属末）　　　アルミニウム末、金箔など

出典：無類井行男（伊藤征司郎編）・顔料の事典、p479（2000）、朝倉書店

粧品は顔に塗るものであり、素材の選択は安全性の点から制限があります。この表に見られるように化粧品では新しい色表現が可能な各種のパール顔料やポリマー微粒子が多種類用いられていることがわかります。また、**表8.5**[12]にメイクアップ化粧品の種類と組成を示します。

（1）ファンデーション

ファンデーションは肌色を整え、しみ、ソバカスなどの欠点を隠す役割を担う化粧品ですが、化粧の仕上がりや使用感の良さ、および紫外線防止や皮脂テカリ防止機能などが求められます。ファンデーションには粉体配合量が5～20％程度の水分散型、O／W型エマルション乳化型、W／Oエマルション乳化型、粉体配合量が10～60％と高い油分散型、粉体に油成分をコーティングして成形した粉体配合量が65～95％と最も高い粉体成型型があり、現在最も多く使用されているのが粉体成型型です。

表8.5　メイクアップ化粧品の種類と組成

原料 \ 分類	白粉・ファンデーション				頬紅		口紅		アイシャドウ			眉墨		アイライナー					マスカラ				他
剤型	粉末	固型	乳化型	油性型	固型	練状	スティック状	練状	固型	油性型	乳化型	ペンシル型	固型	油性型	揮発性油剤型	乳化型	乳化高分子型	ペンシル型	油性型	揮発性油剤型	乳化型	乳化高分子型	ネイルエナメル
基剤																							
油脂		○	○	○	○	○	○	○	○	○	○	○	○	○		○	○	○	○		○	○	
ロウ		○	○	○	○	○	○	○	○	○	○	○	○	○		○	○	○	○		○	○	
脂肪酸			○								○					○	○				○	○	
高級アルコール			○					○			○					○	○				○	○	
脂肪酸エステル		○	○	○	○	○	○	○	○	○	○	○	○	○		○	○	○	○		○	○	
炭化水素		○	○	○	○	○	○	○	○	○	○	○	○	○		○	○	○	○		○	○	
界面活性剤		○	○		○				○		○					○	○				○	○	
金属石けん	○	○	○		○				○														
可塑性高分子化合物																							○
高分子化合物		○	○				○	○				○	○			○	○				○	○	
無機増粘剤			○																				
揮発性油剤（溶剤）															○					○			○
多価アルコール		○							○					○		○					○		
精製水		○							○					○		○					○		
顔料																							
体質顔料	○	○	○	○	○	○	○	○	○	○	○	○	○	○	○	○	○	○	○	○	○	○	
有機顔料	○	○	○	○	○	○	○	○	○	○	○	○	○	○	○	○	○	○	○	○	○	○	○
無機顔料	○	○	○	○	○	○	○	○	○	○	○	○	○	○	○	○	○	○	○	○	○	○	○
パール顔料		○	○	○	○	○	○	○	○	○	○	○	○	○	○	○	○	○	○	○	○	○	○

出典：無類井行男（伊藤征司郎編）・顔料の事典、p479 (2000)、朝倉書店

　ファンデーションではさまざまな粉体が開発され使用されています。しわやしみなどを目立たなくするために、ナイロン、ポリエチレン、アクリル樹脂粒子やシリカ球状粒子を用いること、あるいはタルクやマイカにアクリル樹脂球状微粒子をコーティングしたものを用いることで、光の拡散効果を活用することが行われています。

　機能面では紫外線吸収に微粒子酸化チタンなどを用いること、汗などの耐水性向上にシリコーン処理粉体を用いること、保湿に保湿成分を含む多孔質ポリマー粒子を用いることも行われています。紫外線吸収のために顔料を微粒子化すると、顔料の凝集が起こりやすくなるため分散は重要です。また使用感の向上にはのびを良くする

ためにポリマー球状粒子を用いることや板状酸化チタンを用いるなど、化粧品にとって顔料、粉体の開発は大変重要です。さらに、酸化チタンや酸化鉄顔料などは触媒効果があり、基材を変質させるので顔料表面を薄膜コートするなどの対応がとられています。

　顔料分散の観点からは、水分散型では分散液のpHと顔料粒子のゼータ電位、等電点が重要になります。メイクアップ化粧品の水分散体ではメタリン酸ソーダや脂肪酸石鹸などのアニオン型界面活性剤を用いることが多く、いくつかの顔料を混合して用いる場合は、分散安定性に対する配慮が必要です。

　粉体成型型では粉体に油分を加えて混和しますが、粉体と油分の比率によって成型性、成型物の崩壊性、使用感が異なります。

（2）ポイントメイクアップ化粧品

　ポイントメイクアップにはアイシャドウ（瞼用）、アイライナー（目の際用）、アイブロー（眉毛用）、マスカラ（睫毛用）、口紅、ネイルエナメルがあります。

　口紅は炭化水素系の固体ワックス、ラノリンなどの半固体ワックスと油脂を加熱混合したものに、ひまし油などの分散用オイルと顔料をペースト状にして加え、3本ロールミルで分散します。この分散体を再び加熱溶融してパール顔料を加えスティック型に流し込んで成型します。口紅では発色を良くするために、顔料を微粒子化することや球状ナイロン粒子にメカノケミカルな方法で色素を付着させる方法なども用いられています。無機顔料は表面が親水性のため油性基剤中で凝集しやすく、シリコーンなどでコーティングしたものが有用です。

アイライナー、マスカラのバインダーにはスチレン系エマルションなどの乳化高分子のほか、ハードワックスを用いたものもあります。アイシャドウは粉体を油脂成分で固めた固形タイプが主流ですが、油分散型、エマルション乳化型もあります。アイシャドウではパール顔料を中心としたさまざまなフレーク顔料が新規なカラー表現をする材料として開発、使用されています。

ネイルエナメルは爪に塗るエナメルで、ニトロセルロース（硝化綿）／アルキド樹脂／顔料／有機溶剤の混合物です。

8.1.7 プラスチックの着色と顔料分散

プラスチックは種類が多く、用途も多岐にわたります。プラスチックは表8.6に示すように、大別して熱可塑性プラスチックと熱硬化性プラスチックおよびエラストマーに分けることができます。
①熱可塑性プラスチック
　加熱により流動するプラスチックで、塩化ビニル、ポリプロピレ

表8.6　プラスチックの分類

分類		種類
熱可塑性プラスチック	汎用プラスチック	ポリ塩化ビニル、ポリプロピレン、ポリエチレン、ポリスチレン、ABS樹脂、ポリメチルメタクリレート
	エンジニアリングプラスチック	（汎用エンプラ）ポリカーボネート、ポリアミド、ポリオキシメチレン、ポリエチレンテレフタレート、ポリフェニレンエーテル
		（スーパーエンプラ）ポリフェニレンスルフィド、ポリアリレート、ポリスルホン、ポリアミドイミド、ポリエーテルエーテルケトン
熱硬化性プラスチック		フェノール樹脂、メラミン樹脂、エポキシ樹脂、不飽和ポリエステル樹脂、ポリウレタン樹脂
エラストマー		天然ゴム、合成ゴム、シリコーンゴム

ンなどの汎用プラスチックと、ポリカーボネートなどの汎用エンジニアリングプラスチックやポリエーテルエーテルケトンなどのスーパーエンジニアリングプラスチックに分けられます。

② 熱硬化性プラスチック

　硬化反応により固まり、加熱溶融しないプラスチックでフェノール樹脂、ポリウレタン樹脂などがあります。

③ エラストマー

　熱可塑性樹脂の一部ですが、天然ゴム、合成ゴムのようにゴムの性質を示すポリマーです。

　このような多種類のプラスチックに着色することや、顔料・充填剤を加えることの目的は、商品価値の向上、色分け、内容物の保護や隠ぺい、耐候性向上、機能性の発現などさまざまです。プラスチックの着色はプラスチックに練り込む内部着色と印刷、塗装、メッキ、蒸着などの表面（外部）着色があります。内部着色には染料、顔料を直接加える方法と、着色剤を加える方法があり、着色剤にはペーストカラー、ドライカラー、マスターバッチ、および着色樹脂を用いる方法があります。着色剤を**表8.7**[13]に示しますが、着色剤はプラスチックの着色成型時に分散性、操作性が良好なように加工された顔料です。

　顔料、染料の選択は基本的には耐熱性、耐候性、耐ブリード性（顔料が樹脂表面ににじみ出てくる現象）の観点から選びますが、顔料分散性は重要です。プラスチックの顔料分散では押出機などによる短時間分散が多く、ぬれも樹脂の溶融によるぬれであり、以下のような方法で分散性を向上しています。

表8.7　プラスチック着色剤の分類

大分類	分　類	形　状	主な使用対象樹脂
ペーストカラー	PVC用ペーストカラー	ペースト	PVC（軟質）
	熱硬化性樹脂用ペーストカラー	ペースト	不飽和ポリエステル、エポキシ、ポリウレタン
	リキッドカラー	ペースト	ポリオレフィン、PVC、PS、ABS、熱可塑性ポリエステル（PET）、ナイロン
ドライカラー	ドライカラー	パウダー	熱可塑性樹脂全般
	ビーズカラー	顆　粒	熱可塑性樹脂全般
マスターバッチ	マスターバッチ	ペレット	熱可塑性樹脂全般（除、硬質PVC）
	ホワイトマスターバッチ	ペレット	PEフィルム用
	カーボンマスターバッチ	ペレット	ポリオレフィン全般
	板バッチ	板　状	軟質PVC
着色樹脂	着色樹脂	ペレット	熱可塑性樹脂全般
	複合材着色樹脂	ペレット	熱可塑性樹脂全般
	PVCコンパウンド	パウダー	PVC
		ペレット	PVC

出典：鈴木茂（色材協会編）・色材工学ハンドブック、p431（1989）朝倉書店

（1）ペーストカラー

　ペーストカラーはトーナーカラーとも言われるもので、当初、顔料を可塑剤に分散させ軟質塩化ビニル樹脂の着色用に開発されました。塩化ビニル用ペーストカラーは分散性や粘度の点から、無機顔料では70％、有機顔料では50％、カーボンブラックでは40％を顔料濃度の上限として用います。顔料はニーダーなどで予備混合したのち、主として3本ロールミルで所定の分散度まで分散します[13]。

　熱硬化性樹脂用ペーストカラーは、不飽和ポリエステル、エポキシ樹脂、ポリウレタン樹脂などを対象に各々の液状樹脂で顔料を分散した着色剤です。

　またリキッドカラーは、顔料を植物油、可塑剤、ノニオン系界面活性剤、ポリエステルなどに分散した液状着色剤で、計量ポンプで成形機のスクリュー部に注入するものです。この方法は各色を同時

に注入でき、色替えも容易で、ポリオレフィン、ポリスチレン、ABSなどの着色に用いられています。計量精度のために粘度は3～8Pa·sに調整され、顔料濃度は無機顔料で50％、有機顔料で30％が上限になります。

（2）ドライカラー

最も安価で簡便な方法として多く用いられるのがドライカラーです。これは顔料を粉末状の分散剤と混合したもので、分散剤は融点が80～150℃程度と樹脂成型温度より低く、顔料表面をよくぬらし、かつ樹脂と相溶性があるものが選ばれます。

表8.8[14]にドライカラー用分散剤の性能を示します。分散剤は顔料の凝集を防ぎ、顔料を樹脂中に取り込みやすくする働きを持ちます。分散剤として金属石鹸、特にステアリン酸Ca、Zn、Mg、Al塩が多く用いられ、そのほかにポリエチレンワックス、脂肪酸アマイドなどが用いられます。混合は通常、ヘンシェルミキサーなどの高速攪拌機で行います。

ビーズカラーはドライカラーを顆粒状にして取扱いを容易にした

表8.8　ドライカラー用分散剤の性能

分散剤	プラスチック物性および加工に及ぼす影響						
	顔料、フィラー分散	耐熱性	耐光性	透明性	ブリード	無滑性	機械的・熱的物性
脂肪酸金属塩	◎	△	△	○	○	○	△
脂肪酸エステル	○-△	○	○	○	△-×	△	△
脂肪酸アマイド	○-△	△-○	○	○	△-×	×	△
天然・合成ワックス	△-×	△	△	△	○	△	△
低分子量ポリマー	△	○	△	△	○	○	△

判定基準　◎：優　○：良　△：使用制限ありorやや不良　×：不良

出典：白石信裕・色材協会誌、78、233（2005）

ものです。

(3) マスターバッチ

マスターバッチは顔料（あるいは表面処理顔料）と樹脂、分散剤混合物をペレット状などにしたものです。分散に用いる樹脂は、通常、希釈樹脂と同じものを用います。ポリオレフィンのほか、ポリ塩化ビニル、ポリスチレン、ABS、PETなどで広く使われています。マスターバッチ生産工程を**図8.10**[13]に示します。

酸化チタンやカーボンブラックのマスターバッチはバンバリーミ

(1) 酸化チタン・カーボンブラックマスターバッチ生産ライン

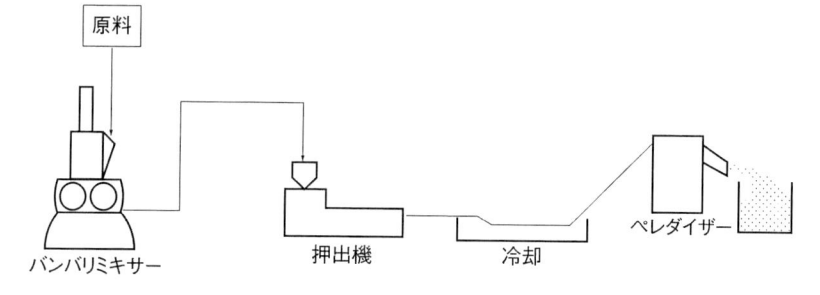

原料 → バンバリミキサー → 押出機 → 冷却 → ペレダイザー

(2) 一般のマスターバッチ生産ライン

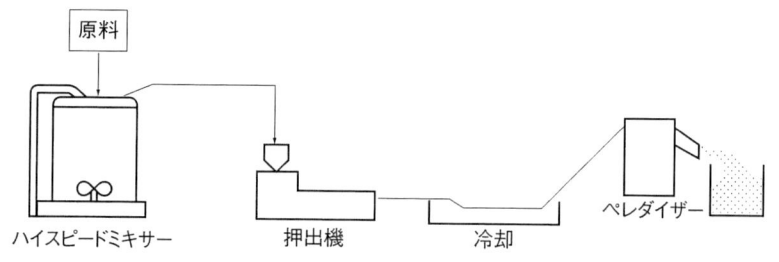

原料 → ハイスピードミキサー → 押出機 → 冷却 → ペレダイザー

出典：鈴木茂（色材協会編）・色材工学ハンドブック、p440（1989）朝倉書店

図8.10　マスターバッチ生産ライン

キサーで練肉後、押出機を通し、ペレット化します。酸化チタン／樹脂比は50／50程度、カーボンブラック／樹脂比は30／70程度です。顔料／分散剤／樹脂、あるいは分散処理顔料／樹脂からなる一般マスターバッチはハイスピードミキサーで混合後、2軸あるいは単軸押出機で混合する方法がとられます。最大顔料濃度は、単軸押出機で無機顔料が40％、有機顔料が20％、2軸押出機で無機顔料が60％、有機顔料が30％です[13]。

(4) 着色樹脂

ドライカラーと樹脂を用い、タンブラーなどで混合後、単軸押出機で混練、ペレット化したものです。現在でも多く使われています。

8-2 ▶▶▶ 性能・機能性と顔料分散

8.2.1 カーボンブラックでゴムを補強

　タイヤなどのゴム製品ではカーボンブラックの補強効果を抜きに考えることができません。ゴムには補強効果の大きいカーボンブラック、シリカ（ホワイトカーボン）のほか、補強効果の小さいタルク、炭酸カルシウムなどの充填剤が用いられます。顔料の分散・混練は主としてバンバリーミキサーなどで行われます。図8.11[15]に各充填剤の容積比表面積とSBRゴムの引張強さの関係を示しますが、炭酸カルシウム、ケイ酸塩、湿式シリカでは比表面積と引張強さはほぼ比例関係にあるのに対し、カーボンブラックの補強効果が極めて高いことがわかります。ゴムにカーボンブラックを添加した場合、

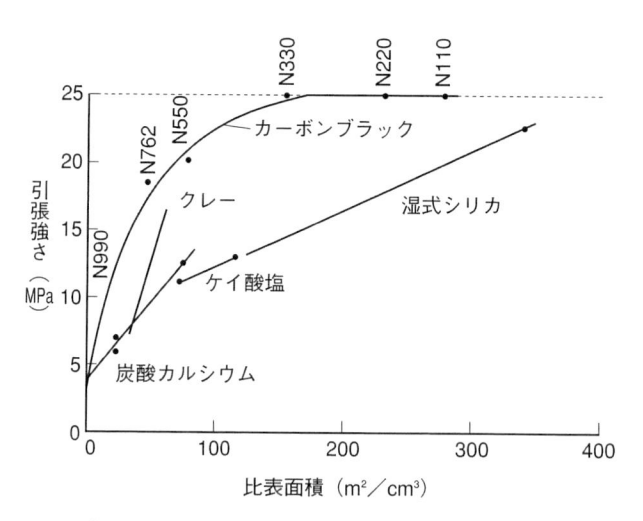

出典：芦田道夫（日本ゴム協会編）・ゴム工業便覧、P81（1994）

図8.11　各種充填剤の容積比表面積と引張強さ（SBR 1500）

引張強さは充填量に対しピークを持ち、弾性率、硬度は直線的に増大し、伸びは低下することが知られています。

補強効果の観点からカーボンブラックの特性で重要なことは製法（種類）、比表面積、凝集構造（アグリゲート）、表面の極性基です。カーボンブラックはいろいろな熱分解法、不完全燃焼法でつくられますが、現在、ゴム用のカーボンブラックは芳香族炭化水素を原料とする不完全燃焼法（オイルファーネス法）でつくられています。

カーボンブラックは球状微粒子がつながった凝集体をつくっていますが、球状粒子の直径は高耐摩耗ファーネス（HAF）で中心径20～30nm、比表面積70～100m^2/g程度です。比表面積の増大は系の粘度上昇、硬さ、弾性率、引張強さの上昇と伸びの低下につながります[16]。また、連鎖状につながった凝集構造をストラクチャーと呼びますが、凝集構造も粘度、ゴムの機械的強度に大きな影響を与えます。さらにカーボンブラックの表面のカルボキシル基（－COOH）、フェノール性水酸基（－OH）、カルボニル基（＞CO）などは樹脂の吸着に大きな影響を与えます。

シリカもカーボンブラックに次ぐ補強効果があり、通常のゴムではコスト面から乾式シリカ（無水ケイ酸）でなく、主として湿式シリカ（含水ケイ酸）が用いられます。シリカの充填ではシランカップリング剤の働きが顕著に見られます。

8.2.2 印刷性を向上する紙用塗工剤

洋紙の製紙には填料が、塗工用には充填剤、顔料が用いられます。填料はパルプ、サイジング剤などと共にスラリーに加えられ、水を

濾過して紙が抄かれる際に用いられます。紙には酸性紙と中性紙があり、インキのにじみを防ぐサイズ剤は酸性紙ではロジンと硫酸アルミニウムが、中性紙ではアルキルケテンダイマーなどが用いられています。

充填剤である填料として酸性紙ではカオリン、クレー、タルクが、中性紙では炭酸カルシウムが用いられ、不透明性、白色度、平滑性やインキの吸収性を向上します。填料は通常の印刷用紙では5〜20％程度含まれます。炭酸カルシウムは酸性では使用できませんが、軽質炭酸カルシウム（合成品）は中性紙用填料の主流になっています。これら填料の種類は紙の透気性、サイズ度、歩留り率（填料の紙中の残存率）、紙の強度に影響します。

ポスター、カタログ、雑誌などに用いられる紙では白さや艶、平滑性および印刷効果の向上のために製紙後、塗工、乾燥、カレンダーかけを行います。塗工液の配合例を**表8.9**[17]に示します。塗工用の顔料としては酸化チタン、クレー、カオリン、炭酸カルシウムなどを用い、SBRエマルションを主バインダー、デンプンやカゼイン

表8.9　紙用塗工液の配合例

	オフセット用コート紙	グラビア用コート紙	塗工板紙下塗り	塗工板紙上塗り
クレイ	60	100	—	60
炭酸カルシウム	40	—	100	30
酸化チタン	—	—	—	10
分散剤	0.5	0.5	0.5	0.5
増粘剤	—	0.5	—	—
デンプン	3	—	3	—
SBRエマルション	10	6	10	17
潤滑剤	0.5	1.0	—	1.0
蛍光染料	適量	適量	—	適量
防腐剤	適量	適量	適量	適量

出典：井上利洋・コンバーテック、P56（2007年10月）

などを補助バインダーとして用います。SBRはスチレン（S）、ブタジエン（B）のみでなくメチルメタクリレートやアクリロニトリルで変性されたものが用いられています[18]。顔料には白色度、光沢が高いことが求められますが、紡錘状の軽質炭酸カルシウムがコスト面からも多く用いられています。

　配合を見てわかることは塗工液の顔料濃度がCPVCを超えていることです。エマルションは顔料を結合する役割を担う重要な働きを持っています。分散剤にはポリリン酸塩、ポリアクリル酸塩など、増粘剤にはカルボキシメチルセルロースやヒドロキシエチルセルロースなど、潤滑材にはステアリン酸カルシウム、ポリエチレンエマルションなどが用いられます。塗工にはロールコーター、ナイフコーターなどを用います。

　紙の塗工では密度の大きい無機顔料でなく、中空ポリマービーズ、いわゆるプラスチックピグメントを用いて軽量化を図ることが進められています。中空粒子の空隙率が大きくなれば（55%）、酸化チタン同等以上の不透明度を示します[18]。また、扁平プラスチック微粒子を塗工用顔料として用いると、塗工液の高ずり速度での粘度が低く塗工性に優れ、コート紙の光沢、不透明度が向上することが知られています[19]。プラスチックピグメントについては5.1.4節を参照ください。

8.2.3　フィラーを使った導電性材料

　ポリマー、塗料、インキなどが果たす機能には機械的機能、電気・磁気的機能、熱的機能、光学的機能、化学的機能、表面機能、

生態的機能などがあります。こうした機能発現に果たす顔料の寄与は大きなものがあります。

　ポリマーに導電性を与える最も簡便な方法は、導電性顔料の添加による方法です。導電性顔料の代表的なものに導電性カーボンブラックがあります。導電性カーボンブラックは樹脂中で凝集・ブリッジ構造をとることで導電性を発現するので、適度な分散度を選ぶことが必要です。黒色でなく白色導電性顔料としてはSb/Snでコートした酸化チタン、マイカ、チタン酸カリウイスカーなどがあります。そのほかAlやNiコートしたガラスビーズや繊維なども用いられます。

　より高い導電性を実現するには導電ペーストが使われます。これはAu、Pt、Pd、Agなどの貴金属あるいはCu、Ni、Al、Wなどの卑金属微粒子を樹脂、溶剤、添加材などに分散したものです。導電ペーストには室温〜250℃程度で熱処理して金属粉含有樹脂膜になる乾燥・硬化ペーストと、400〜1350℃の高温で有機物を焼成して金属膜を形成する焼付け型ペーストがあります。乾燥・硬化ペーストの樹脂にはフェノール、エポキシ、シリコーン、ポリエステル、アクリル樹脂が、焼付け型ペーストにはニトロセルロース、エチルセルロース、アクリル、ブチラール樹脂が用いられます[20]。

　図8.12に各種導電フィラーとその用途について示します。

　電磁シールド材として扁平軟磁性金属顔料を多量に含むシートや塗工剤が開発されています。例えば軟磁性のソフトフェライトは$MeFe_2O_3$（Me：Mn、Co、Ni、Cu、Zn）の構造を持ち、代表例としてマンガン亜鉛フェライト、ニッケル亜鉛フェライトなどがあります。

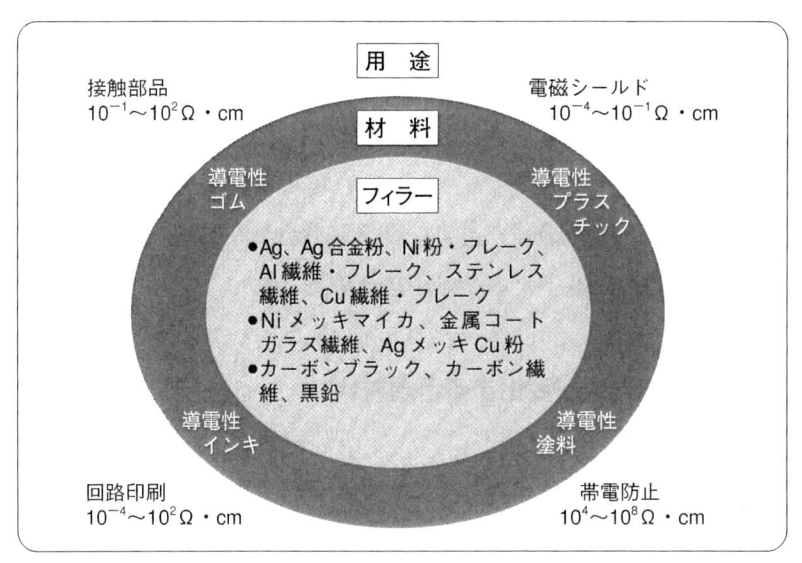

用途
接触部品　$10^{-1}\sim10^{2}\Omega\cdot cm$
電磁シールド　$10^{-4}\sim10^{-1}\Omega\cdot cm$
回路印刷　$10^{-4}\sim10^{2}\Omega\cdot cm$
帯電防止　$10^{4}\sim10^{8}\Omega\cdot cm$

材料
導電性ゴム、導電性プラスチック、導電性インキ、導電性塗料

フィラー
- Ag、Ag合金粉、Ni粉・フレーク、Al繊維・フレーク、ステンレス繊維、Cu繊維・フレーク
- Niメッキマイカ、金属コートガラス繊維、AgメッキCu粉
- カーボンブラック、カーボン繊維、黒鉛

図8.12　各種導電性フィラーとその用途

ソフトフェライトは軟磁性を示し、外部磁界が加わると磁石になりますが、外部磁界がなくなると元に戻る性質を持っています。塗工用途では高比重の顔料の沈降防止が課題になります。

8.2.4　磁気記録用コーティング剤

磁性粉をバインダーに分散させたものでコーティングによって記録用テープ、ディスク、カードなどに利用されます。磁性粉として針状のFe_2O_3、γ-Fe_2O_3、Co-γ-Fe_2O_3、α-Fe、およびバリウムフェライト（$BaO\cdot6Fe_2O_3$）などが用いられます。磁性粉の特性を発揮させるためには高い分散性と高い顔料濃度が求められます。磁性コーティング剤は磁性粉、樹脂、分散剤（界面活性剤）、カップリング剤、帯電防止剤（カーボンブラック）、摩耗性向上剤（酸化クロ

ム)、潤滑材(シリコーン、フッ素化合物)などから構成されます。分散は分散剤と一部の樹脂、溶剤を用い、主としてサンドグラインダーで行い、その後、レットダウンします。

樹脂成分には主としてポリウレタン、塩ビ・酢ビ共重合体などが用いられます。分散過程で過大な衝撃力がかかると顔料粒子が破壊され、磁性特性が低下するため注意が必要です。

8.2.5 温度で色が変化する示温材料

示温材料とは、温度によって色が変わる化合物を樹脂溶液に分散してコーティング剤として用いたものです。変色は可逆型、不可逆型がありますが、このような示温コーティングを施したラベルを添付しておくと、その物質の熱履歴を知ることができます。

不可逆型示温顔料の例を示すと、例えば、$Co(CNS)_2 \cdot (Pyridine)_2 \cdot 10H_2O$は93℃でうす紫から青へ、$Co(HCOO)_2$は116℃でピンクから紫へ、$CoKPO_4 \cdot H_2O$は140℃でバラ色から青へといった具合に極めて狭い温度範囲で変色する化合物が選択されています[21]。

8.2.6 暗い中で発光する蓄光材料

蓄光顔料は250〜450nmの光を吸収して、その光の照射を止めた後に発光する顔料です。1990年代中頃になり、従来用いられていた硫化物系(例えば$ZnS:Cu$)とはまったく異なるリン酸塩系(例、$Sr_xMg_yP_2O_7:Eu$)、ケイ酸塩系、アルミン酸塩系(例、$SrAl_2O_4:Eu, Dy$)、タングステン酸塩系などのさまざまな顔料が開発され、

残光輝度が高く、残光時間は例えばアルミン酸塩系では硫化物系に比べ約10倍程度以上長くなっており、交通標識や時計の文字盤などに用いられています。

アルミン酸塩、ケイ酸塩系顔料の分散では、これら顔料の表面硬度が高いため分散中の摩耗による汚染、変色に注意が必要で、磁性ボールミルが適しています[22]。

8.2.7　有機物を分解する光触媒

酸化チタンは白色顔料として最も一般的な顔料ですが、アナターゼ型酸化チタンの光触媒効果が注目され用途が広がっています。酸化チタンは光や熱によって半導体になります。酸化チタンに380nm以下の波長の近紫外線が当たるとそのエネルギーによって電荷分離し、電子e^-と正孔h^+を生じます。正孔は強い酸化力を持ち、酸化チタン表面で水によってできた水酸基（－OH）と反応しヒドロキシラジカル（・OH）を生じます。また、電子は強い還元力を持ちスーパーオキサイドアニオン（O_2^-）を生じます。

これらは強力な反応活性を持ち、表面の有機化合物、例えばタバコのヤニ、アミン、アルデヒドのような悪臭物質、NO_x、かび、大腸菌などを分解します。光触媒効果を**図8.13**に示します。光触媒は大気浄化、脱臭、抗菌、汚染防止（表面親水性の活用）などの用途に展開されています。

酸化チタンの顔料分散は比較的容易ですが、酸化チタンを含む有機ポリマー材料は酸化チタンによって分解してしまうので、バインダーとしてはテフロン系ポリマー、あるいはシラノール（Si-OH）

有機物　$O_2 + e^- \to O_2^-$　CO_2、H_2O

380nm 以下の光

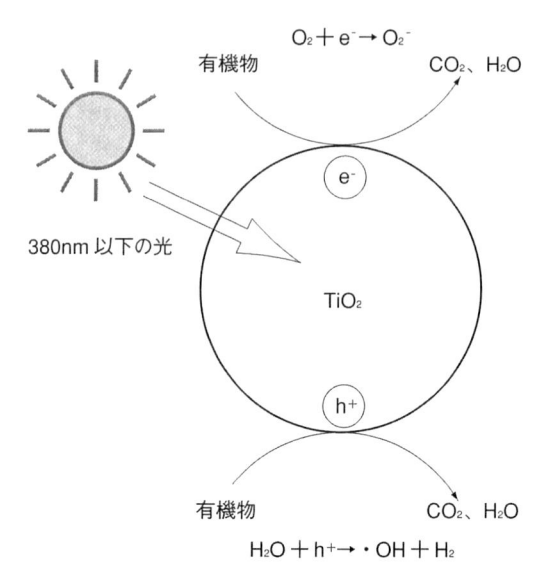

e⁻

TiO_2

h⁺

有機物　CO_2、H_2O

$H_2O + h^+ \to \cdot OH + H_2$

図8.13　酸化チタンの光触媒作用

やアルコキシシラン（Si-OR）を反応させた無機バインダーなど限定されたバインダーが用いられます。

8.2.8　摺動部に使う固体潤滑剤

　潤滑を要求される分野は多く、**表8.10**[23] に示すように多くの固体潤滑材が用いられています。代表的なものはグラファイトと二硫化モリブデンです。グラファイトは層状構造を持っており、耐熱温度は500℃で二硫化モリブデンの350℃より優れています。そのほかに二硫化タングステン、窒化ホウ素、フッ化黒鉛などが用いられ、またポリテトラフルオロエチレン（PTFE）、ポリイミドなどのポリマー粒子も用いられています。

表8.10 固体潤滑剤とその特性

固定潤滑剤名		色	比重	結晶構造	硬さ(モース)	使用限界温度(℃)(大気中)	摩擦係数*(大気中)
グラファイト	C	黒灰	2.23〜2.25	六方晶形	1〜2	500	0.06〜0.3
二硫化モリブデン	MoS_2	灰	4.8	六方晶形	1〜2	350	0.006〜0.25
二硫化タングステン	WS_2	灰	7.4〜7.5	六方晶形	1〜2	425	0.05〜0.28
窒化ほう素	BM	白	2.27	六方晶形	2	700	0.2
フッ化黒鉛	$(CF)_n$	白	2.34〜2.68	六方晶形	1〜2	400	0.02〜0.2
一酸化鉛	PbO	黄(赤)	9.3	正方晶形	2	800以上	0.12
酸化コバルト	Co_2O_3	黒灰	5.18	—	—	—	0.28
三酸化モリブデン	MoO_3	無	4.69	斜方晶形	2.5	—	0.20
フッ化カルシウム	CaF_2	無	3.18	立方晶形	4	—	—
ポリエチレン		無	0.91〜0.965	—	R30〜R50	60〜200	0.05〜0.5
ナイロン		無	1.1	—	R45〜R118	130〜150	0.05〜0.4
PTFE		無	2.2	—	R75〜R95	260	0.04〜0.2
ポリイミド		無	1.43	—	—	〜	0.6

*測定条件によって異なる

出典：資源エネルギー庁石油部精製課・潤滑要覧、p116(1993)潤滑通信社

　固体潤滑材を石油系潤滑油に混合して用いる方法では均一分散が重要で、油種、粘度、添加材の選択が必要です。また、グリースに分散したものは軸受け、歯車などに用いられます。アセタール樹脂、フェノール樹脂、ポリイミドなどのポリマー、あるいは$Na_2B_4O_7$、$NaBO_2$などの無機バインダー成分と混合した乾燥被膜型、プラスチックや金属と複合化した複合材料型潤滑材料も用いられています。

8.2.9 有機・無機ハイブリッド材料

　有機ポリマーと無機マトリックスを分子状態で複合化する有機・無機ポリマーハイブリッド材料が注目されています。無機成分としてはシリカ、アルミナ、チタニア、ジルコニアなどが検討されてい

$$-\underset{|}{\overset{|}{Si}}-OEt + H_2O \xrightarrow{-EtOH} -\underset{|}{\overset{|}{Si}}-OH$$

$$-\underset{|}{\overset{|}{Si}}-OEt + HO-\underset{|}{\overset{|}{Si}}- \xrightarrow{-H_2O} -\underset{|}{\overset{|}{Si}}-O-\underset{|}{\overset{|}{Si}}-$$

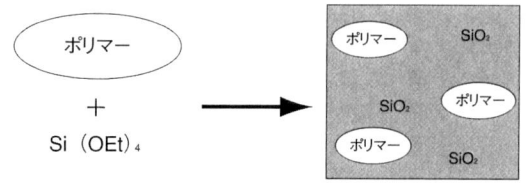

$$-\underset{|}{\overset{|}{Si}}-OEt + EtO-\underset{|}{\overset{|}{Si}}- \xrightarrow{-EtOH} -\underset{|}{\overset{|}{Si}}-OH$$

出典:中條善樹・熱硬化性樹脂、16,99(1995)

図8.14 ゾル・ゲル法によるシリカゲルマトリックスの形成と有機無機ハイブリッドの合成

ますが、無機成分の成膜にはゾル・ゲル法が用いられます。代表例としてシリカの反応を図8.14[24]に示しますが、アルコキシシラン($\equiv$Si-OEt)の加水分解とシラノール($\equiv$Si-OH)の縮合によって、Si-O-Si結合のマトリックスを形成します。ここに有機ポリマーを共存させると、有機ポリマーがシリカゲルに分子分散した有機・無機ハイブリッドが得られます。

　こうした有機・無機ハイブリッドを得るにはポリマーの選択性があり、図8.15[24]に示す①ポリ(2-メチル-2-オキサゾリン)、②ポリ(N-ビニルピロリドン)、③ポリ(N,N-ジメチルアクリルアミド)が適しており、0～100%の混合範囲で無色透明均一な材料を得ることができます。これらのポリマーの相性が良いのは、ポリマーのアミドカルボニル基(=N-CO-CH$_3$)とシリカマトリックスのシ

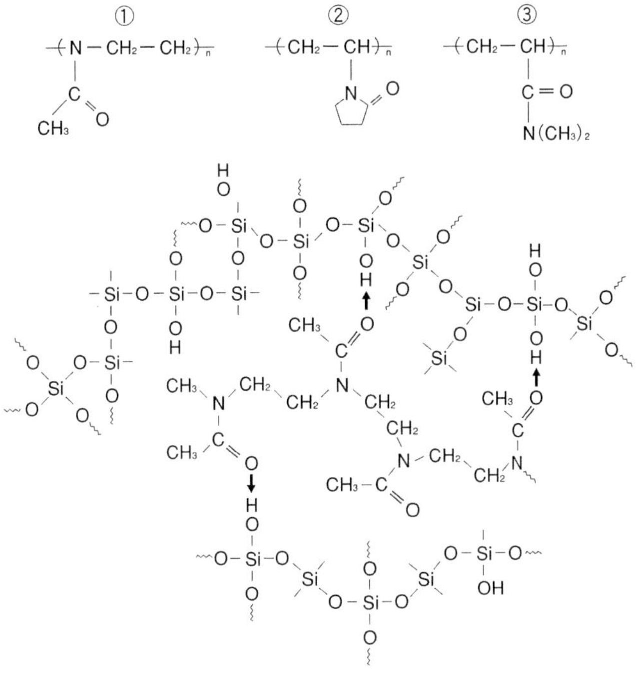

出典：中條善樹・熱硬化性樹脂、16、99（1995）

図8.15　ポリマーハイブリッド中でのポリオキサゾリンとシリカゲルとの水素結合

ラノールとの水素結合によるものと考えられています。

　この有機・無機ハイブリッドは600℃での焼成する方法、あるいは溶剤抽出法によって有機ポリマー部分が多孔質になるため分子レベルで制御された多孔質材料になります。

ちょっと一息(8) 色の話・金と銀

　金は原子番号79、原子量197、融点1063℃、比重19.3の金属です。金は富の象徴のような金属ですが、『Gold Survey 2005』(Gold Fields Mineral Survices Ltd.)によると、2000年末の金の地上在庫量は14万2600ｔで、これは50ｍ競技用プールの約3杯分の量に当たるそうです。また、金は近年、毎年2500ｔ程度のペースで生産され、生産国は南アフリカ、アメリカ、オーストラリア、中国、ロシア、ペルー、カナダ、インドネシア、ウズベキスタン、パプアニューギニアと続き、この10カ国で全生産の75％を占めています。

　金はとても展延性に富む金属で1ｇの金で3000ｍの線をつくることができます。また、金を打ちたたいていくことによって、金１ｇで開いた新聞紙の大きさにできます。金はこのようにして箔として用いられるほか、粉としても用いられます。わが国で用いられる金粉には、やすりでおろした鑢粉を粉砕、丸みをつけた丸粉、それをさらにつぶした小判型の平目粉、鑢粉を薄く伸ばした梨地粉、さらに細かい平粉、金箔を膠液中で練った後、膠を洗い流してつくる極めて微細な消粉(厚さ0.3μｍ、径3μｍ程度)があり、工芸、絵画の用途でそれぞれ用いられています。消粉は絵具としても使われています。

　国宝として有名な尾形光琳の「紅白梅図」の背景は、金箔を貼ったものと誰もが思っていたのですが、最近の研究で刈安で彩色した上から薄い金泥で仕上げていることがわかり話題になりました。金による装飾は洋の東西を問わず富と権力の象徴になっています。

　銀は原子番号47、原子量108、融点961℃、比重10.5の金属で、強く手で握れば変形するほど柔らかい金属ですが、工芸分野ではスターリングシルバー(純度92.5％)のように合金化して用います。

　金閣寺は足利三代将軍義満がつくり、銀閣寺は八代将軍義政が建立しています。銀は金に比べ渋い趣のある金属で、絵では酒井抱一の「夏秋草図屏風」を思い起こします。

　みじか夜や枕にちかき銀屏風　　　　　　　　　　　　与謝蕪村

■参考文献
●第1章
1）橋本勲：有機顔料ハンドブック、p11（2006）カラーオフィス
2）伊藤征司郎：顔料の事典、p156（2000）朝倉書店
3）黒須収之、石森元和：色材協会誌、58、89（1985）

●第2章
1）T.Young : Phil. Trans. Soc., 95,65（1805）
2）W.A.Zisman : Advanc. Chem. Ser.,No43,1（1964）
3）S.Wu、K.J.Brozozowski : J. Colloid Interface Sci.,37,676（1971）
4）E.W.Washburn : Phys. Rev.,17,374（1921）
5）G.D.Cheever,J.C.Ulicny : J. Coatings Technol., 55,〔697〕53（1983）
6）長沼桂（桐生春雄監修）：コーティング用添加剤の最新技術、p33（2001）シーエムシー
7）C.M.Hansen: J. Paint Technol.,39,〔505〕104（1967）、同、39〔511〕505（1967）
8）竹原佑爾、他：色材協会誌、47，412（1974）
9）古澤邦夫（北原文雄他著）：ゼータ電位、p96（1995）サイエンティスト社
10）景山洋行、他：色材協会誌、64,572（1991）
11）寺田剛：塗装技術、p117（1998年10月増刊）
12）久司美登：色材協会誌、78，141（2005）

●第3章
1）久野洋（久保輝一郎 他編）：粉体、理論と応用、p211（1962）丸善
2）T.C.Patton：塗料の流動と顔料分散、p144、p204、p218、p228、p235、p253（1971）共立出版
3）野口典久：色材協会誌、71，57（1998）
4）アシザワ・ファインテック㈱、カタログ
5）㈱井上製作所、カタログ
6）石井利博：色材協会誌、81，169（2008）

7）浅田鉄工㈱、カタログ
8）㈱モリヤマ、カタログ
9）上ノ山周：色材協会誌、77、517（2004）
10）W.Carr：J. Oil Col. Chem. Assoc.,54,1093（1971）
11）品田登：色材協会誌、42，470（1969）
12）W.L.Boyer et al：J. Paint Technol., 43〔555〕107〔1971〕

● 第4章

1）赤根耕治：色材工学ハンドブック、p1006（1989）朝倉書店
2）五十嵐和夫：色材協会誌、78，78（2005）
3）木川仁、篠原明（日本産業洗浄協議会編）：わかりやすい界面活性剤、p34（2003）工業調査会
4）P.Sorensen：J. Paint Technol.,47,〔602〕31（1975）
5）小林敏勝、筒井晃一、池田承治：色材協会誌、61，692（1988）
6）堀家尚文（伊藤征司郎編）：顔料の事典、p400（2000）朝倉書店
7）H.L.Jakubausukas：J. Coatings Technol., 58,〔736〕71（1986）
8）中村幸治：色材協会誌、72,238（1999）
9）岡安寿明；コーティング用添加剤の最新技術、p113（2001）シーエムシー出版
10）秋場廣：コンバーテック、p71（2008年2月）
11）坪川紀夫：高分子,45,412（1996）、同、日本ゴム協会誌、70，378（1997）、H.Ueno et al：色材協会誌、96，743（1996）
12）長谷川政裕：Powdertec Japan 94、'94粉体技術会議資料（1994.11）

● 第5章

1）川瀬進（尾見信三、他編）：高分子微粒子の技術と応用、序論（2004）シーエムシー出版
2）川口正剛：色材協会誌、80，462（2007）
3）松坂淳一、名倉修：色材協会誌、51,365（1978）

4）薮田元志：色材協会誌、63,209（1990）

●第6章
1）T.C.Patton：塗料の流動と顔料分散、p10（1971）共立出版
2）JIS K5600-2-2（1999）日本規格協会
3）南井宜明、友田敬三：色材協会誌、66，434（1993）
4）L.E.Nielsen：Polymer Rheology、p134、p136、p143（1977）Marcel Dekker
5）M.Mooney：J. Colloid Sci.,6.162（1951）
6）G.N.Choi, I.M.Kriegr：J. Colloid Interface Sci.,113.101（1986）
7）L.E.Nielsen：高分子と複合材料の力学的性質、p236、p237（1976）化学同人
8）M.M.Cross：J. Colloid Interface Sci.,33,30（1970）
9）Z.Vachlas ；J. Oil Col. Chem. Assoc.,72,139（1989）
10）N.Casson（C.C.Mill ed.）：Rheology of dispersed System,p.84（1959）Pergamon Press
11）小野木重治：化学者のためのレオロジー、p17（1982）化学同人
12）河村昌剛：塗装工学、32、40（1997）
13）F.Chu et al：Colloid Polym. Sci.,276,305（1998）
14）J.S.Chong et al：J. Appl. Polym, Sci.,15. 2007（1971）
15）K.Berend,W.Richitering：Colloid & Surfaces, A, 99, 101（1995）
16）S.H.Maron,P.E.Pierce：J. Colloid Sci., 11,80（1956）
17）F.Loffiath et al：J. Coatings Technol.,69〔867〕55（1997）

●第7章
1）H.V.Boenig：Structure and Properties of Polymers,p144（1973） Georg Thieme Publishers
2）L.W.Hill：Mechanical Properties of Coatings,p17（1987） Fed. Soc. Coatings Technol.
3）P.J.Flory：J. Chem. Phys.,18,108（1950）
4）L.E.Nielsen（小野木重治訳）：高分子と複合材料の力学的性質、p221、

p238、p239（1976）化学同人

5）H.M.Smallwood：J. Appl.Phys.,15,758（1944）

6）E.Guth：J.Appl. Phys.,16,20（1945）

7）E.H.Kerner：Proc. Phys. Sci.,69B,808（1956）

8）佐藤良泰：ゴムの性質と加工（高分子工学講座第7巻）、p217、p238（1965）地人書館

9）佐藤弘三：色材協会誌、48，411（1975）

10）L.E.Nielsen：J. Appl. Polym. Sci., 10,97（1966）

11）A.Toussaint：Prog. Org. Coatings, 2,237（1973/ 74）

12）JIS K 5600-5-8（1999）日本規格協会

13）R.L.Zapp：Rubber World, 133, 59（1955）

14）佐藤弘三：概説塗料物性工学、p117、p169（1973）理工出版社

15）井上幸彦、佐藤弘三：高分子化学、10.300（1953）

16）Q.Wang et al：Wear,209,316（1997），ibid,198,82（1996）

17）A.Zosel：Prog. Org. Coatings,8, 47（1980）

18）U.Zorll：Farbe u. Lack,73,200（1967）

19）C.G.Reid ,A.R.Greengerg ： J. Appl. Polym. Sci.,39,995（1990）

20）鈴木康弘、柴山恭一：色材協会誌、49，316（1976）

21）H.Lee,K.Neville：Epoxy Resin,p152（1957） McGraw Hill

22）井上幸彦：工業化学雑誌、46,784（1943）、同、59,124（1956）

23）D.Y.Perera,D.Vanden Eynde：J. Coatings Technol., 53,[678]40（1981）

24）W.Funke：J. Oil Col. Chem. Assoc.,50,942（1966）

25）中道敏彦：塗装工学、21, 58（1986）

26）W.Funke et al：J. Paint Technol., 41,[530]210（1969）

●第8章

1）日本パウダーコーティング共同組合編：粉体塗装技術要覧、p29（2005）塗料報知新聞社

2）中道敏彦：塗装工学、21, 58（1986）

3）小林永年、他（伊藤征司郎編）：顔料の事典、p469（2000）朝倉書店

4）野口典久：色材協会誌、71, 57（1998）
5）上山雅文：電子写真トナーおよび構成材料の開発と高画質化、フルカラー化、p197（1998）技術情報協会
6）橋本勲：有機顔料ハンドブック、p324、p337（2006）カラーオフィス
7）新井啓吾：色材協会誌、77,417（2004）
8）亀川学（伊藤征司郎編）：顔料の事典、p489（2000）朝倉書店
9）亀川学：色材協会誌、75,500（2002）
10）長谷川理一：色材協会誌、75, 346（2002）
11）荒木豊：色材協会誌、75, 450（2002）
12）無類井行男（伊藤征司郎編）：顔料の事典、p478（2002）朝倉書店
13）鈴木茂（色材協会編）：色材工学ハンドブック、p433、p434、p440（1989）朝倉書店
14）白岩信裕：色材協会誌、78, 233（2005）
15）芦田道夫（日本ゴム協会編）：ゴム工業便覧、p81（1994）
16）平田靖（日本ゴム協会編）：新版ゴム技術の基礎、p171（1999）
17）井上利洋：コンバーテック、p56（2007年10月）
18）宮本健三（本山卓彦監修）：機能性エマルジョンの基礎と応用、p194（2000）シーエムシー
19）星野太（尾見信三、他監修）：高分子微粒子の技術と応用、p188（2004）シーエムシー
20）馬場則弘：色材協会誌、72, 51（1999）
21）白瀬仁士（中道敏彦監修）：特殊機能コーティングの新展開、p93（2007）シーエムシー出版
22）青木康充（中道敏彦監修）：特殊機能コーティングの新展開、p135（2007）シーエムシー出版
23）資源エネルギー庁石油部精製課：潤滑要覧、p114（1993）潤滑通信社
24）中條善樹：熱硬化性樹脂、16, 99（1995）

INDEX

【数字・英字】

3本ロールミル …………………63
DLVO理論 ………………………32

【あ】

アインシュタイン係数 ………137
アインシュタイン式 …………137
アグリゲート ……………………21
アクリルエマルション ………116
アグロメレート …………………21
アスペクト比 ………………9, 139
アトライター ……………………55
安定化 ……………………………31
一次粒子 …………………………20
色わかれ …………………………78
インキ …………………………192
インクジェット用インク ……199
浮き ………………………………78
エクストルーダー ………………69
絵具 ……………………………201

【か】

解砕 ………………………………29
回転粘度計 ……………………130
界面活性剤 ………………………87
カッソン式 ……………………144
カプセル化 ……………………106
紙用塗工剤 ……………………215
ガラス転移温度 ………159, 175
顔料の形状 ………………………9
顔料の表面積 ……………………8
顔料の表面張力 …………………23
顔料分散のステップ ……………20
顔料誘導体 ………………………97
擬塑性流動 ……………………135
機能性顔料 ………………………12
吸水性 …………………………180
吸油量 ……………………………44
空隙効果 ………………………162
グース式 ………………………160
クリーガー・ドガーティ式 …137
ケルナー式 ……………………161

懸濁重合 …………………113
コア・シェルエマルション …118
コア・シェル粒子 ……………118
降伏値 ……………………144
高分子分散剤 ………………94
固体潤滑剤 …………………222
粉体塗料 …………………189
コニーダー …………………69
ゴムの補強 …………………214

【さ】
最密充填 ……………………42
酸／塩基 ……………………91
サンドグラインダー …………56
シード重合 …………………113
示温材料 …………………220
ジスマン・プロット …………23
磁性コーティング …………219
樹脂グラフト化 ……………105
シランカップリング剤 ………100
水性塗料 …………………189
水性分散体 …………………34
スクリュー押出し機 …………68
ストークスの法則 ……………71

スモールウッド式 …………160
ずり応力 …………………130
ずり速度 ……………130, 142
ゼータ電位 …………………31
接着性 ……………………177
ソープフリー乳化重合 ………113
ソーレンセン ………………92
塑性流動 …………………135

【た】
大／小粒子混合系の粘度 ……148
体質顔料 ……………………5
耐衝撃性 …………………169
体積効果 …………………162
耐摩耗性 …………………171
ダイラタンシー ……………135
弾性率補強効果 ……………159
チキソトロピー ……………136
チタネートカップリング剤 …102
着色顔料 ……………………4
着色力 ……………………74
沈降安定性 …………………79
つぶゲージ …………………72
ディゾルバー ………………66

INDEX [233]

低分子分散剤 ……………87
透水性 ………………180
動的粘弾性 ……………157
導電性材料 ……………217
等電点 …………………37
トナー …………………196
ドライカラー …………211
塗料 ……………………186

【な】
内部応力 ………………179
ニーダー ………………67
ニールセン ……………165
二次粒子 ………………20
乳化重合 ………………115
ニュートン流動 ………135
ぬれ ……………………21
粘度 ……………………130

【は】
橋架け密度 ……………176
ビーズミル ……………59
非水ディスパージョン ………114
引張特性 …………154, 165

表面効果 ………………162
ファンデーション ……206
プラスチック …………208
プラスチックピグメント ……119
プラスチック用フィラー ……12
プラズマ処理 …………104
フラッシング …………85
フローカップ …………133
フローポイント ………46
フロキュレート ………21
フンケ …………………180
分散メディア …………52
ペーストインキ ………195
ペーストカラー ………210
ポアソン比 ……………160
ポイントメイクアップ化粧品
　………………………207
ボールミル ……………53
ポリマー微粒子 ………110

【ま】
マスターバッチ ………212
ミルベース組成 ………47
ミルベース配合 ………58

ムーニー式 ……………137, 160
メイクアップ化粧品 …………204

【や】

ヤング式 …………………21
有機・無機ハイブリッド ……223
有機顔料 …………………9
溶解性パラメーター …………26
溶剤型塗料 ………………187

【ら】

ラビング試験 ………………77
リキッドインキ ………………194
立体障害効果 ………………32
粒度分布 …………………70
臨界顔料体積濃度 ………45, 177
レットダウン ………………49
ロジン処理 ………………90

【著者略歴】

中道 敏彦（なかみち としひこ）

［略歴］
1945年　和歌山県生まれ
1969年　職業訓練大学校卒業
1973年　日本油脂(株)入社　自動車塗料の研究、開発に従事
　　　　自動車塗料技術部長、塗料研究所長を歴任
2000年　日油商事(株)入社　取締役、日本化学塗料(株)社長を歴任
　　　　工学博士（東京大学）、技術士（化学）

［主な著書］
「トコトンやさしい塗料の本（共著）」（日刊工業新聞社、2008）
「特殊機能コーティングの新展開（共編著）」（シーエムシー、2007）
「塗料の選び方・使い方（共編著）」（日本規格協会、1998）
「塗装ハンドブック（共編著）」（朝倉書店、1996）
「塗料の流動と塗膜形成」（技報堂出版、1995）
「塗料用語辞典（共編著）」（技報堂出版、1993）　ほか

図解入門
よくわかる顔料分散
NDC576

2009年3月16日　初版1刷発行
2016年12月27日　初版5刷発行

（定価はカバーに表示してあります）

　© 著　者　　中道　敏彦
　　発行者　　井水　治博
　　発行所　　日刊工業新聞社
　　　　　　　〒103-8548　東京都中央区日本橋小網町14-1
　　電　話　　書籍編集部　03（5644）7490
　　　　　　　販売・管理部　03（5644）7410
　　ＦＡＸ　　03（5644）7400
　　振替口座　00190-2-186076
　　ＵＲＬ　　http://pub.nikkan.co.jp/
　　e-mail　　info@media.nikkan.co.jp
　　印刷・製本　新日本印刷（POD1）

落丁・乱丁本はお取り替えいたします。
2009 Printed in Japan
ISBN 978-4-526-06227-8

本書の無断複写は、著作権法上の例外を除き、禁じられています。